책 구매 인증 및 나눔CBT 아이디 등업 방법

[신기방기 건설안전기사 책 구매 인증 혜택]

1. 책 내용 그대로, 나눔CBT 프리미엄 모드
2. 작업형 고득점 비법 영상 (네이버카페)
3. 과년도 기출 + 최다빈출 자료 (네이버카페)

[신기방기 건설안전기사 책 구매 인증 방법]

1. 나눔CBT 사이트 가입합니다.
   www.nanumcbt.com
2. 나눔출판 네이버 카페 가입합니다.
   cafe.naver.com/singibanggi1001
3. 인증서 작성란을 기입한 후 이 페이지 전체를 카메라로 찍어줍니다.
4. 사진파일을 네이버카페 도서인증&등업 신청게시판에 올려줍니다.
5. 카카오톡 오픈채팅에서 '신기방기'를 검색 후, 신기방기 건설안전기사 방으로 들어와 인증사실을 알려주시면 더 빠르게 확인가능합니다.

[인증서 작성란]
(볼펜으로 수기 작성해주세요.)

1. 구매처 / 주문번호

JN342841

2. 네이버카페 닉네임

3. 나눔CBT ID

현직 안전관리자들이 만든 책, 합격까지 함께 하겠습니다!

| 신기방기 건설안전기사 실기편은 건설현장과 산업현장에서 안전관리자로 직무를 수행하는 사람들끼리 모여서 집필 된 책 입니다. 책을 집필하며, 최단시간에 자격증을 취득 할 수 있도록 핵심을 요약 했습니다.

| 필답형은 키워드 정리를 통해 더 쉽게 외울 수 있도록 하였습니다.

| 작업형은 현장에서 직접 사용하고 있는 기계, 기구, 안전용품 등을 직접 촬영하여 수험생들의 이해도를 더욱 높였고, 더욱 더 알기 힘든 공법은 일러스트 작업 및 편집을 하여, 이해도를 높였습니다.

| 2025년 개정된 법에 따라 정리하였으며, 전면 개정된 건설안전 법령 및 산업안전 법령을 이론과 문제풀이에 반영하였습니다.

| 구매자 모두에게 책 내용 그대로 공부할 수 있는 CBT 프리미엄 모드를 제공하여 암기에 최적화된 공부를 하실 수 있습니다.

목차 Contents

- **01 필답** 004p
- **02 계산** 106p
  - 안전보건표지 118p
- **03 작업형** 120p
  - 안전보건표지 271p

건안기 공부의 모든 것, 나눔에 다 있습니다.

카카오톡 '신기방기 건설안전기사' 오픈채팅방에 들어오시면, AI챗봇을 활용 한 실시간 공부법 카카오톡 오픈채팅방을 통해 확인 하실 수 있습니다.

AI챗봇의 위대함을 느껴 보시길 바랍니다.

Youtube에서 '나눔CBT' 검색하시면, 건안기 필답 및 작업형 동영상 강의를 보실 수 있습니다.

(구독과 좋아요 눌러주세요♥)

blog.naver.com/nanumsafe

나눔출판 블로그에서는 지속적으로 업데이트되는 안전자료를 보실 수 있습니다.

PART 01

필답

01 | 건설안전법규 및 안전기준 _ 1~25번
02 | 안전관리계획 및 조직 _ 26~54번
03 | 재해조사 및 예방대책 _ 55~59번
04 | 안전보건교육 _ 60~71번
05 | 공종별 안전 _ 72~88번
　　　(잠함, 터널, 교량, 발파 및 해체, 채석, 전기)
06 | 가설공사 (비계, 통로) _ 89~133번
07 | 토공사 및 굴착공사 _ 134~199번
08 | 구조물공사 및 마감공사 _ 200~219번
09 | 건설기구 및 기구 _ 220~278번
10 | 개인보호구 및 안전보건표지 _ 279~290번

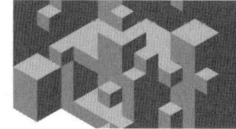

01 건설안전법규 및 안전기준

001 산업안전보건법에 의한 안전관리자의 직무 4가지를 쓰시오.
(단, 그 밖에 안전에 관한 사항으로서 노동부장관이 정하는 사항은 제외한다)

① 안전교육계획의 수립 및 안전교육 실시에 관한 보좌 및 조언·지도
② 위험성평가에 관한 보좌 및 조언·지도
③ 사업장 순회점검·지도 및 조치의 건의
④ 업무수행 내용의 기록·유지
⑤ 안전인증대상 기계·기구 등과 자율안전확인대상 기계·기구 등 구입 시 적격품의 선정에 관한 보좌 및 조언·지도
⑥ 산업재해 발생의 원인 조사·분석 및 재발 방지를 위한 기술적 보좌 및 조언·지도
⑦ 안전에 관한 사항의 이행에 관한 보좌 및 조언·지도
⑧ 산업안전보건위원회 또는 노사협의체, 안전보건관리규정 및 취업규칙에서 정한 직무
⑨ 산업재해에 관한 통계의 유지·관리·분석을 위한 보좌 및 조언·지도

암기법 안/위/사/업

002 고용노동부장관은 산업재해 예방활동에 대한 참여와 지원을 촉진하기 위하여 명예산업안전감독관을 위촉할 수 있다. 명예산업안전감독관이 수행하여야 할 업무 4가지를 쓰시오.
(단, 그 밖에 안전에 관한 사항으로서 노동부장관이 정하는 사항은 제외한다)

① 사업장에서 하는 자체점검 참여 및 근로감독관이 하는 사업장 감독 참여
② 사업장 산업재해 예방계획 수립 참여 및 사업장에서 하는 기계·기구 자체검사 참석
③ 법령을 위반한 사실이 있는 경우 사업주에 대한 개선 요청 및 감독기관에의 신고
④ 산업재해 발생의 급박한 위험이 있는 경우 사업주에 대한 작업중지 요청
⑤ 작업환경측정, 근로자 건강진단 시의 참석 및 그 결과에 대한 설명회 참여
⑥ 직업성 질환의 증상이 있거나 질병에 걸린 근로자가 여럿 발생한 경우 사업주에 대한 임시건강진단 실시 요청
⑦ 근로자에 대한 안전수칙 준수 지도
⑧ 법령 및 산업재해 예방정책 개선 건의
⑨ 안전·보건 의식을 북돋우기 위한 활동과 무재해운동 등에 대한 참여와 지원
⑩ 그 밖에 산업재해 예방에 대한 홍보 등 산업재해 예방업무와 관련하여 고용노동부장관이 정하는 업무

003 같은 장소에서 행하여지는 사업으로서 대통령령으로 정하는 사업의 사업주는 그가 사용하는 근로자와 그의 수급인이 사용하는 근로자가 같은 장소에서 작업을 할 때에 생기는 산업재해를 예방하기 위한 조치를 하여야 한다. 도급사업 시의 산업재해를 예방하기 위한 조치사항 3가지를 쓰시오.

① 도급인과 수급인을 구성원으로 하는 안전 및 보건에 관한 협의체의 구성 및 운영
② 작업장의 순회점검
③ 관계 수급인이 근로자에게 하는 안전보건교육을 위한 장소 및 자료의 제공 등 지원
④ 관계 수급인이 근로자에게 하는 안전보건교육의 실시 확인
⑤ 경보체계 운영과 대피방법 등 훈련
⑥ 위생시설 등 필요한 장소의 제공 또는 도급인이 설치한 위생시설 이용의 협조

참고

가. 작업장의 순회점검 등 안전·보건관리

2일에 1회 이상	① 건설업 ② 제조업 ③ 토사석 광업 ④ 서적, 잡지 및 기타 인쇄물 출판업 ⑤ 음악 및 기타 오디오물 출판업 ⑥ 금속 및 비금속 원료 재생업
1주일에 1회 이상	그 밖의 사업

나. 사업의 합동 안전·보건점검

도급사업의 합동 안전·보건점검
1. 다음 각 목의 사업의 경우 : 2개월에 1회 이상 　가. 건설업 　나. 선박 및 보트 건조업 2. 그 밖의 사업 : 분기에 1회 이상

004 산업안전보건법에 의하여 사업장의 안전·보건을 유지하기 위하여 작성하여야 하는 안전보건관리 규정의 작성 및 변경에 관한 내용이다. ( ) 안에 적합한 내용을 쓰시오.

1. 안전보건관리 규정을 작성하여야 하는 농업 및 어업은 상시근로자 (①) 명 이상을 사용하는 사업이다.
2. 사업주는 안전보건관리규정을 작성하여야 할 사유가 발생한 날부터 (②) 일 이내에 안전보건관리규정을 작성하여야 한다.
3. 사업주는 안전보건개선계획을 수립할 때에는 (③) 의 심의를 거쳐야 한다.
4. (③) 가 설치되어 있지 아니한 사업장의 경우에는 (④) 의 의견을 들어야 한다.

① 300명 이상　　② 30일 이내　　③ 산업안전보건위원회　　④ 근로자 대표

참고

사업의 종류	규모
1. 농업 2. 어업 3. 소프트웨어 개발 및 공급업 4. 컴퓨터 프로그래밍, 시스템 통합 및 관리업 5. 정보서비스업 6. 금융 및 보험업 7. 임대업 : 부동산 제외 8. 전문, 과학 및 기술 서비스업(연구개발 제외) 9. 사업지원 서비스업 10. 사회복지 서비스업	상시 근로자 300명 이상을 사용하는 사업
11. 제1호부터 제10호까지의 사업을 제외한 사업	상시 근로자 100명 이상을 사용하는 사업

005 다음 [보기]의 사업장에서 선임하여야 하는 안전관리자의 최소 인원을 쓰시오.

[보기]
1. 운수업 : 상시근로자 500명
2. 토사석 광업 : 상시근로자 1,000명
3. 총 공사금액 1,500억원 이상인 건설업

① 1명 (이상)　　　② 2명 (이상)　　　③ 3명 (이상)

참고 안전관리자의 선임기준

종류	구분	안전관리자 최소인원수
운수 및 창고업 우편 및 통신업	50명이상~1,000명 미만	1명 (1,000명 이상 2명)
토사석 광업 출판업, 해체, 선별, 대부분의 제조업	50명이상~500명 미만	1명(500명 이상 2명)
건설업	공사금액 50억~800억미만	1명(800억~1,500억미만 2명)

006 산업안전보건법에 의하여 고용노동부장관이 명예산업안전감독관을 해촉 할 수 있는 경우 2가지를 쓰시오.

① 근로자 대표가 사업주의 의견을 들어 위촉된 명예산업안전감독관의 해촉을 요청한 경우
② 위촉된 명예산업안전감독관이 해당 단체 또는 그 산하조직으로부터 퇴직하거나 해임된 경우
③ 명예산업안전감독관의 업무와 관련하여 부정한 행위를 한 경우
④ 질병이나 부상 등의 사유로 명예산업안전감독관의 업무 수행이 곤란하게 된 경우

007 다음 [보기]는 사업장에서 산업재해 발생 시 보고에 관한 내용을 설명하고 있다. (　) 안에 적합한 내용을 쓰시오.

[보기]
사업주는 산업재해로 사망자가 발생, 3일 이상의 휴업이 필요한 부상 또는 질병에 걸린 자가 발생 시에는 산업재해가 발생한 날부터 (①)개월 이내에 (②)를 작성, 관할 지방고용노동관서장에게 제출하여야 한다.

① 1개월 이내　　　　　　　② 산업재해조사표

008 건설공사에서 유해·위험방지계획서를 제출하는 경우 첨부하여야 할 서류 2가지를 쓰시오.

① 공사 개요 및 안전보건관리계획
② 작업 공사 종류별 유해·위험방지계획

009 산업안전보건법에서 정의하는 중대재해에 해당하는 3가지를 쓰시오.

① 사망자가 1인 이상 발생한 재해
② 3개월 이상 요양을 요하는 부상자가 동시에 2인 이상 발생한 재해
③ 부상자 또는 직업성 질병자가 동시에 10인 이상 발생한 재해

010 다음 설명에 적합한 용어를 쓰시오.

> 재해발생으로 인하여 생기는 직접적 또는 간접적인 물적 손실 및 인적 손실 등 의도치 않게 손실된 비용을 말한다.

① 총 재해 코스트(총 재해 비용)

011 산업재해 발생 시에 사업주가 기록·보존하여야 하는 사항 3가지를 쓰시오.

① 사업장의 개요 및 근로자의 인적사항
② 재해 발생의 일시 및 장소
③ 재해 발생의 원인 및 과정
④ 재해 재발방지 계획

012 사업주는 중대재해가 발생한 때에는 지체 없이 그 내용을 관할 지방고용노동관서의 장에게 전화·팩스, 그 밖에 적절한 방법으로 보고하여야 한다. 중대재해 발생 시에 보고하여야 하는 내용 2가지를 쓰시오.
(단, 그 밖의 중요한 사항 제외)

① 발생 개요 및 피해 상황   ② 조치 및 전망

 건설공사에서 작성하는 유해위험방지계획서 제출 시 첨부서류 중 공사 개요 및 안전보건관리계획에 해당하는 항목을 4가지 쓰시오.

① 공사 개요서
② 공사현장의 주변 현황 및 주변과의 관계를 나타내는 도면(매설물 현황을 포함한다)
③ 전체 공정표
④ 산업안전보건관리비 사용계획
⑤ 안전관리 조직표
⑥ 재해 발생 위험 시 연락 및 대피방법

 건설기계를 사용하는 작업의 안전수칙 4가지를 쓰시오.

① 기계의 종류 및 능력, 운행경로, 작업방법 등의 작업계획을 수립한다.
② 장비별 주용도 외 사용을 제한한다.
③ 기계의 작업 반경 내에 작업관계자 외 출입을 금지한다.
④ 승차석 이외 근로자의 탑승을 금지한다.
⑤ 정비·수리 시 작업지휘자를 배치하며, 안전지지대 또는 안전블록을 사용한다.

 인화성 가스의 발생 우려가 있는 지하 작업장에서 작업을 하는 때에는 폭발·화재 및 위험물 누출에 의한 위험방지 조치를 위하여 가스의 농도를 측정하는 자를 지명하여 당해 가스의 농도를 측정하여야 한다. 이때 가스농도를 측정하여야 하는 경우(시점) 3가지를 쓰시오.

① 매일 작업을 시작하기 전
② 가스의 누출이 의심되는 경우
③ 가스가 발생하거나 정체할 위험이 있는 장소가 있는 경우
④ 장시간 작업을 계속하는 때(이 경우 4시간마다 가스농도를 측정한다.)

 건설재해예방전문지도기관 법인 설립 시 인력 기준, 시설 기준, 장비 기준을 준수해야 한다. 이 중 갖추어야 할 장비를 4가지를 쓰시오.

① 가스농도측정기　　　　② 산소농도측정기
③ 접지저항측정기　　　　④ 절연저항측정기
⑤ 조도계

017 청각장치와 시각장치 중 시각장치를 사용한 정보전달이 유리한 경우 3가지를 쓰시오.

① 전언이 길고, 복잡할 때
② 재참조 된다.
③ 공간적인 위치를 다룬다.
④ 즉각적인 행동을 요구하지 않을 때
⑤ 청각계통이 과부하일 때
⑥ 주위가 너무 시끄러울 때
⑦ 한곳에 머무르는 경우

참고

청각장치
1. 전언이 짧고, 간단할 때 2. 재참조 되지 않음
3. 시간적인 사상을 다룬다. 4. 즉각적인 행동을 요구할 때
5. 시각계통이 과부하일 때 6. 주위가 너무 밝거나 암조응일 때
7. 자주 움직이는 경우

018 산업안전보건법에 의한 중량물 취급 작업의 작업계획서에 포함하여야 할 내용 5가지를 쓰시오.

① 추락위험을 예방할 수 있는 안전대책
② 낙하위험을 예방할 수 있는 안전대책
③ 전도위험을 예방할 수 있는 안전대책
④ 협착위험을 예방할 수 있는 안전대책
⑤ 붕괴위험을 예방할 수 있는 안전대책

암기법 추/낙/전/협/붕

019 시설물의 안전관리에 관한 특별법 상의 정밀안전진단의 정의를 쓰시오.

① 시설물의 물리적·기능적 결함을 발견하고 그에 대한 신속하고 적절한 조치를 하기 위하여 구조적 안전성과 결함의 원인 등을 조사·측정·평가하여 보수·보강 등의 방법을 제시하는 행위를 말한다.

참고

(1) 안전점검	경험과 기술을 갖춘 자가 육안이나 점검기구 등으로 검사하여 시설물에 내재(內在)되어 있는 위험요인을 조사하는 행위를 말하며, 점검목적 및 점검수준을 고려하여 국토교통부령으로 정하는 바에 따라 정기안전점검 및 정밀안전점검으로 구분한다.
(2) 긴급안전점검	시설물의 붕괴·전도 등으로 인한 재난 또는 재해가 발생할 우려가 있는 경우에 시설물의 물리점검·기능적 결함을 신속하게 발견하기 위하여 실시하는 점검을 말한다.

020 산업안전보건법상 (1) 상시근로자 50인 이상에서 안전보건 총괄 책임자를 지정하여야 하는 대상 사업장의 종류 2가지를 쓰고, (2) 안전보건 총괄 책임자의 직무 사항 2가지를 쓰시오.

(1) 상시근로자 50인 이상에서 안전보건 총괄 책임자를 지정하여야 하는 대상 사업장의 종류
① 선박 및 보트 건조업   ② 1차 금속 제조업   ③ 토사석 광업

(2) 안전보건 총괄 책임자의 의무
① 산업재해가 발생할 급박한 위험이 있을 때 및 중대재해가 발생하였을 때의 작업의 중지
② 도급 시의 산업재해 예방조치
③ 산업안전보건관리비의 관계수급인 간의 사용에 관한 협의·조정 및 그 집행의 감독
④ 안전인증대상 기계 등과 자율안전확인대상 기계 등의 사용 여부 확인
⑤ 위험성평가의 실시에 관한 사항

안전보건총괄책임자 지정대상 사업
① 관계수급인에게 고용된 근로자를 포함한 상시 근로자가 100명(선박 및 보트 건조업, 1차 금속 제조업 및 토사석 광업의 경우에는 50명 이상인 사업)
② 관계수급인의 공사금액을 포함한 해당 공사의 총 공사금액이 20억원 이상인 건설업

021 산업안전보건법에 의하여 유해위험방지계획서를 제출해야 하는 건설공사 종류 3가지를 쓰시오.

1. 다음 각 목의 어느 하나에 해당하는 건축물 또는 시설 등의 건설·개조 또는 해체공사
 가. 지상 높이가 31미터 이상인 건축물 또는 인공구조물
 나. 연면적 3만제곱미터 이상인 건축물
 다. 연면적 5천제곱미터 이상인 시설로서 다음의 어느 하나에 해당하는 시설
  1) 문화 및 집회시설(전시장 및 동물원·식물원은 제외한다)
  2) 판매시설, 운수시설(고속철도의 역사 및 집배송시설은 제외한다)
  3) 종교시설
  4) 의료시설 중 종합병원
  5) 숙박시설 중 관광숙박시설
  6) 지하도상가
  7) 냉동·냉장 창고시설

2. 연면적 5천제곱미터 이상의 냉동·냉장 창고시설의 설비공사 및 단열공사

3. 최대 지간길이가 50미터 이상인 교량 건설 등 공사

4. 터널 건설 등의 공사

5. 다목적댐, 발전용댐, 저수용량 2천만톤 이상의 용수 전용 댐, 지방상수도 전용 댐 건설 등의 공사

6. 깊이 10미터 이상인 굴착공사

 산업안전보건법령상 유해·위험방지 계획서 제출 대상사업에 대해 알맞은 내용을 쓰시오.

① 지상높이가 (　　)m 이상인 건축물 또는 인공구조물 공사
② 최대 지간길이가 (　　)m 이상인 교량 건설 등 공사
③ 다목적댐, 발전용댐 및 저수용량 (　　　)톤 이상의 용수 전용댐, 지방상수도 전용 댐 건설등의 공사
④ 연면적 (　　　)m² 이상이 냉동·냉장창고시설의 설비공사 및 단열공사
⑤ 깊이 10m 이상인 (　　)공사

① 31m
② 50m
③ 2천만톤
④ 5,000m²
⑤ 굴착

 산업안전보건법에 의하여 안전인증제품에 표시하여야 하는 사항 4가지를 쓰시오. (단, 안전인증 표시는 제외)

① 제조자명
② 안전인증 번호
③ 제조번호 및 제조연월
④ 모델명 또는 형식
⑤ 규격 또는 등급 등

암기법 제/안/제/모/큐(규)

근로자의 위험을 방지하기 위하여 해당 작업, 작업장의 지형·지반 및 지층 상태 등에 대한 사전조사를 하고 그 결과를 기록·보존하여야 하며, 조사결과를 고려하여 작업계획서를 작성하고 그 계획에 따라 작업을 하도록 하여야 한다. 사전조사 및 작업계획서의 작성 대상 작업 3가지를 쓰시오.

① 타워크레인을 설치·조립·해체하는 작업
② 차량계 하역운반기계등을 사용하는 작업(화물자동차를 사용하는 도로상의 주행작업은 제외한다)
③ 차량계 건설기계를 사용하는 작업
④ 화학설비와 그 부속설비를 사용하는 작업
⑤ 전기작업(해당 전압이 50볼트를 넘거나 전기에너지가 250볼트암페어를 넘는 경우로 한정한다)
⑥ 굴착면의 높이가 2미터 이상이 되는 지반의 굴착작업
⑦ 터널굴착작업
⑧ 교량(상부구조가 금속 또는 콘크리트로 구성되는 교량으로서 그 높이가 5미터 이상이거나 교량의 최대 지간길이가 30미터 이상인 교량으로 한정한다)의 설치·해체 또는 변경 작업
⑨ 채석작업
⑩ 건물 등의 해체작업
⑪ 중량물의 취급작업
⑫ 궤도나 그 밖의 관련 설비의 보수·점검작업
⑬ 열차의 교환·연결 또는 분리 작업

산업안전보건법에 의하여 굴착면의 높이가 2미터 이상이 되는 암석의 굴착작업 시에 실시하여야 하는 특별교육의 내용 3가지를 쓰시오.
(단, 그 밖의 안전·보건 관리에 필요한 사항은 제외할 것)

① 안전거리 및 안전기준에 관한 사항
② 방호물의 설치 및 기준에 관한 사항
③ 보호구 및 신호방법 등에 관한 사항
④ 폭발물 취급 요령과 대피 요령에 관한 사항

암기법 　안/방/보/폭

02 안전관리계획 및 조직

026 근로자의 위험을 방지하기 위하여 사업주 의무 사항을 쓰시오.

① 해당 작업, 작업자의 지형·지반 및 지층 상태 등에 대한 사전조사를 하고, 그 결과를 기록·보존하여야 하며, 조사결과를 고려하여 작업계획서를 작성하고 그 계획에 따라 작업을 하도록 하여야 한다.

027 근로자가 상시 분진작업에 관련된 업무를 하는 경우 근로자에게 알려야하는 사항 4가지를 쓰시오.

① 작업장 및 개인위생 관리
② 분진의 유행성과 노출경로
③ 호흡용 보호구의 사용 방법
④ 분진에 관련된 질병 예방방법
⑤ 분진의 발산 방지와 작업장의 환기 방법

028 하인리히의 재해 구성 법칙을 적고 그 의미를 쓰시오.

① 하인리히의 사고빈도법칙 : 1 : 29 : 300의 법칙
② 중상 또는 사망 : 1건
③ 경상해 : 29건
④ 무상해사고 : 300건

029 하인리히의 사고방지 대책 5단계를 순서대로 쓰시오.

1단계 : 안전관리 조직
2단계 : 사실의 발견
3단계 : 분석평가
4단계 : 시정방법 선정 = 시정책 선정
5단계 : 시정책 적용

암기법 안사분 / 시정 / 적

 하인리히의 사고방지 5단계

1단계 : 안전조직	– 안전목표 설정 – 안전관리자의 선임 – 안전조직 구성 – 안전활동 방침 및 계획수립 – 조직을 통한 안전 활동 전개
2단계 : 사실의 발견	– 작업분석 – 점검 – 사고조사 – 안전진단 – 사고 및 활동기록의 검토
3단계 : 분석	– 사고원인 및 경향성 분석(사고보고서 및 현장조사 분석) – 사고기록 및 관계자료 분석 – 인적·물적 환경 조건분석
4단계 : 시정방법 선정	– 기술적 개선 – 안전운동 전개 – 교육훈련 분석(개선) 안전행정의 개선 – 배치 조정 – 규칙 및 수칙 등 제도의 개선
5단계 : 시정책 적용 (3E 적용)	– 안전교육(Education) – 안전기술(Engineering) – 안전독려(Enforcement)

030 하인리히가 주장한 산업재해 예방의 4원칙을 쓰시오.

① 예방 가능의 원칙 ② 손실 우연의 원칙
③ 대책 선정의 원칙 ④ 원인 연계의 원칙

① 예방 가능의 원칙	재해는 원칙적으로 원인만 제거되면 예방이 가능하다.
② 손실 우연의 원칙	사고의 결과 생기는 상해의 종류와 정도는 사고 발생 시 사고대상의 조건에 따라 우연히 발생한다.
③ 대책 선정의 원칙	사고의 원인에 대한 적합한 대책이 선정되어야 한다.
④ 원인 연계의 원칙	재해는 직접 원인과 간접 원인이 연계되어 일어난다.

031 인간의 적응기제에서 다음 각 종류 4가지씩 쓰시오.

(1) 방어기제 : ① 투사 ② 승화 ③ 보상 ④ 합리화
(2) 도피기제 : ① 고립 ② 퇴행 ③ 억압 ④ 백일몽

암기법 방어기제 / 투승보합

암기법 도피기제 / 고퇴억백

 산업안전보건위원회의 (①) 위원장의 선출방법과 산업안전보건위원회에서 (②) 의결된 사항의 해석 또는 이행방법 등에 관하여 의견이 일치하지 않는 경우의 처리방법에 대하여 쓰시오.

① 산업안전보건위원회의 위원장은 위원 중에서 호선(互選)한다. 이 경우 근로자위원과 사용자위원 중 각 1명을 공동위원장으로 선출할 수 있다.
② 근로자위원과 사용자위원의 합의에 따라 산업안전보건위원회에 중재기구를 두어 해결하거나 제3자에 의한 중재를 받아야 한다.

 산업안전보건법령상 건설공사도급인은 관계수급인 근로자가 건설공사도급인의 사업장에서 작업을 하는 경우, 안전 및 보건에 관한 협의체를 구성할 때, 산업안전보건위원회의 위원을 구성할 수 있다. 해당 구성원 4명을 쓰시오.

가. 근로자위원
- 도급 또는 하도급 사업을 포함한 전체 사업의 근로자대표
- 근로자대표가 지명하는 1명 이상의 명예산업안전감독관
- 근로자대표가 지명하는 9명 이내의 해당 사업장의 근로자

나. 사용자위원
- 도급인 대표자
- 관계수급인의 각 대표자
- 안전관리자

[산업안전보건법 시행령 제 35조(산업안전보건위원회의 구성) ③항]

 근로감독관이 행하는 사업장 감독의 종류 3가지를 쓰시오.

① 정기감독　　② 수시감독　　③ 특별감독

035 산업안전보건법에 의하여 명예산업안전감독관을 위촉할 수 있는 대상 4가지를 쓰시오.

① 산업안전보건위원회 또는 노사협의체 설치 대상 사업의 근로자 중에서 근로자 대표가 사업주의 의견을 들어 추천하는 사람
② 노동조합 또는 그 지역 대표기구에 소속된 임직원 중에서 연합단체인 노동조합 또는 그 지역 대표기구가 추천하는 사람
③ 전국 규모의 사업주단체 또는 그 산하조직에 소속된 임직원 중에서 해당 단체 또는 그 산하조직이 추천하는 사람
④ 산업재해 예방 관련 업무를 하는 단체 또는 그 산하조직에 소속된 임직원 중에서 해당 단체 또는 그 산하조직이 추천하는 사람

036 산업안전보건법에 의하여 명예산업안전감독관을 해촉 할 수 있는 경우 2가지를 쓰시오.

① 근로자 대표가 사업주의 의견을 들어 위촉된 명예산업안전감독관의 해촉을 요청한 경우
② 위촉된 명예산업안전감독관이 해당 단체 또는 그 산하조직으로부터 퇴직하거나 해임된 경우
③ 명예산업안전감독관의 업무와 관련하여 부정한 행위를 한 경우
④ 질병이나 부상 등의 사유로 명예산업안전감독관의 업무 수행이 곤란하게 된 경우

037 지방고용노동관서의 장은 해당하는 사유가 발생한 경우에는 사업주에게 안전관리자를 정수 이상으로 증원하게 하거나 교체하여 임명할 것을 명할 수 있다. 안전관리자의 증원·교체 임명을 명할 수 있는 사유 3가지를 쓰시오.

① 해당 사업장의 연간 재해율이 같은 업종의 평균재해율의 2배 이상인 경우
② 중대재해가 연간 2건 이상 발생한 경우
③ 관리자가 질병이나 그 밖의 사유로 3개월 이상 직무를 수행할 수 없게 된 경우
④ 화학적 인자로 인한 직업성질병자가 연간 3명 이상 발생한 경우

 안전관리자를 두어야 할 수급인인 사업주는 사업주가 법에서 정한 요건을 갖춘 경우에는 안전관리자를 선임하지 아니할 수 있다. 도급인인 사업주가 갖추어야 하는 요건 2가지를 쓰시오.

① 도급인인 사업주 자신이 선임해야 할 안전관리자 및 보건관리자를 둔 경우
② 안전관리자 및 보건관리자를 두어야 할 수급인인 사업주의 사업의 종류별로 상시근로자 수(건설공사의 경우에는 건설공사 금액을 말한다. 이하 같다)를 합계하여 그 상시 근로자 수에 해당하는 안전관리자 및 보건관리자를 추가로 선임한 경우

 근로감독관은 산업안전보건법에 따른 명령을 시행하기 위하여 필요한 경우 장소에 출입하여 사업주, 근로자 또는 안전보건관리책임자 등에게 질문하고, 장부, 서류, 그 밖의 물건의 검사 및 안전보건 점검을 하며, 관계 서류의 제출을 요구할 수 있다. 이 때 근로감독관이 출입 할 수 있는 장소 3가지를 쓰시오.

① 사업장
② 석면해체·제거업자의 사무소
③ 고용노동부장관에게 등록한 지도사의 사무소

 산업안전보건법령상, 근로감독관이 질문·검사·점검하거나 관계 서류의 제출을 요구할 수 있는 경우 3가지를 쓰시오.

① 산업재해가 발생하거나 산업재해 발생의 급박한 위험이 있는 경우
② 근로자의 신고 또는 고소·고발 등에 대한 조사가 필요한 경우
③ 법 또는 법에 따른 명령을 위반한 범죄의 수사 등 사법경찰관리의 직무를 수행하기 위하여 필요한 경우
④ 그 밖의 고용노동부장관 또는 지방고용노동관서의 장이 법 또는 법에 따른 명령의 위반 여부를 조사하기 위하여 필요하다고 인정하는 경우

> **참고**
>
> 근로감독관이 산업안전보건법에 따른 명령을 시행하기 위하여 관계자에게 질문을 하고, 장부, 서류, 그 밖의 물건의 검사 및 안전·보건점검을 하며, 검사에 필요한 한도에서 무상으로 제품·원재료 또는 기구를 수거하기 위하여 사업장 등에 출입을 할 수 있는 경우
>
> ① 산업재해가 발생하거나 산업재해 발생의 급박한 위험이 있는 경우
> ② 근로자의 신고 또는 고소·고발 등에 대한 조사가 필요한 경우
> ③ 법 또는 법에 따른 명령을 위반한 범죄의 수사 등 사법경찰관리의 직무를 수행하기 위하여 필요한 경우
> ④ 그 밖의 고용노동부장관 또는 지방고용노동관서의 장이 법 또는 법에 따른 명령의 위반 여부를 조사하기 위하여 필요하다고 인정하는 경우

 건설업의 안전관리자 선임에 관한 다음 [보기] 물음에 대한 답을 쓰시오.

> [보기]
> (1) 총 공사금액이 1,000억원 이상인 건설업에서 선임하여야 하는 안전관리자의 최소 인원을 쓰시오.
> (2) 위 현장에서 안전관리자를 선임하는 경우 반드시 1명 이상이 포함되어야 하는 안전관리자의 자격기준을 쓰시오.

(1) 안전관리자의 최소 인원 : 2명(이상)
(2) 1명 이상이 포함되어야 하는 안전관리자의 자격기준
① 산업안전지도사 자격을 가진 사람
② 산업안전산업기사 이상의 자격을 취득한 사람
③ 건설안전산업기사 이상의 자격을 취득한 사람

 다음[보기]는 공사진척에 따른 안전관리비 사용기준을 나타내었다. ( ) 안에 적합한 내용을 쓰시오.

공정율	50퍼센트 이상 70퍼센트 미만	70퍼센트 이상 90퍼센트 미만	90퍼센트 이상
사용기준	(①)퍼센트 이상	(②)퍼센트 이상	(③)퍼센트 이상

① 50퍼센트 이상   ② 70퍼센트 이상   ③ 90퍼센트 이상

043 안전보건관리비로 사용 가능한 것을 고르시오.

① 출입금지 표지, 가설 울타리
② 감리인이나 외부에서 방문하는 인사에게 지급하는 보호구
③ 계단, 통로, 비계에 추가로 설치하는 안전난간
④ 절토부 및 성토부 등의 토사유실방지를 위한 설비
⑤ 작업장 내부에서 이루어지는 안전기원제

정답 :   ③ 계단, 통로, 비계에 추가로 설치하는 안전난간
⑤ 작업장 내부에서 이루어지는 안전기원제

044 다음은 작업 현장에서 실시하는 T.B.M (Tool Box Meeting)의 내용을 설명하였다. ( ) 안에 적합한 내용을 쓰시오.

(1) 소요시간은 (①)분 정도가 적합하다.
(2) 인원은 (②)명 이하로 구성한다.
(3) 진행과정은 다음과 같다. 해당되는 내용을 오른쪽에서 골라 적으시오.

제1단계	도입
제2단계	(③)
제3단계	작업지시
제4단계	(④)
제5단계	확인

- 작업점검
- 위험예측
- 행동개시
- 점검정비

① 10분   ② 10명   ③ 점검정비   ④ 위험예측

참고

T.B.M (Tool Box Meeting) : 단시간 즉시 적응법

T.B.M (Tool Box Meeting) : 단시간 즉시 적응법
① 재해를 방지하기 위해 현장에서 그때그때의 상황에 맞게 적응하여 실시하는 활동으로 단시간 미팅 즉시 적응훈련이라 한다.
② 작업 전 또는 종료 시 5 ~ 10분간 3 ~ 5인(10인 이하)이 조를 이뤄 작업 시 위험요소에 대하여 말하는 방식이다.
③ 도입 – 점검정비 – 작업지시 – 위험예지훈련(위험 예측) – 확인

045 안전관리 조직의 형태 3가지를 쓰시오.

① 라인(Line)형 또는 직계형
② 스태프(Staff)형 또는 참모형
③ 라인 스태프(Line Staff)형 또는 혼합형

046 다음 설명에 해당하는 안전보건관리 조직의 형태를 쓰시오.

1. 안전관리를 전담하는 스태프를 두고 안전관리에 대한 계획, 조사, 검토 등을 행하는 관리방식이다.
2. 안전 전문가(스태프)가 문제해결방안을 모색한다.
3. 스태프는 경영자의 조언, 자문 역할을 한다.
4. 안전지식과 기술축적이 용이하다.
5. 권한 다툼이나 조정 때문에 통제 수속이 복잡해지며, 시간과 노력이 소모된다.
6. 생산부부문은 안전에 대한 책임과 권한이 없다.

① 스태프(Staff)형 or 참모형

047 산업안전보건 조직 중 라인형 조직의 장단점을 각각 1가지씩 쓰시오.

장점 : 명령 및 지시가 신속, 정확하다.
단점 : 안전정보가 불충분하다.

> 참고

스태프(Staff)형 or 참모형	장점 : 안전정보 수집이 용이하고 빠르다. 단점 : 안전과 생산을 별개로 취급한다.
라인 스태프(Line Staff)형 or 혼합형	장점 : 명령이 신속, 정확하다. 안전정보 수집이 용이하고 빠르다. 단점 : 명령계통과 조언, 권고적 참여의 혼돈이 우려된다.

048 다음은 건설업의 안전보건관리비 계상 및 사용기준에 관한 내용이다. ( ) 에 적합한 내용을 쓰시오.

> 1. 본사에서 안전관리비를 사용하는 경우 1년 간 (1.1 ~ 12.31) 본사 안전관리비 실행 예산과 사용금액은 전년도 미사용 금액을 합하여 (①)을 초과할 수 없다.
> 2. 안전만을 전담으로 하는 별도 조직을 갖춘 건설업체의 본사에서 사용하는 항목과 본사 안전전담부서의 안전전담직원 인건비·업무수행 출장비는 계상된 안전관리비의 (②)를 초과 할 수 없다.
> 3. 건설재해예방 기술지도비가 계상된 안전관리비의 총액의 (③)를 초과하는 경우에는 그 이내에서 기술지도 횟수를 조절할 수 있다.

① 5억원   ② 5퍼센트   ③ 20퍼센트

049 다음 [보기]는 건설업의 안전관리자 선임기준을 설명하고 있다. ( ) 안에 적합한 내용을 쓰시오.

> [보기]
> 1. 공사금액 120억원 이상 800억원 미만 : (①)명 이상
> 2. 공사금액 800억원 이상 1,500억원 미만 : (②)명 이상
> 3. 공사금액 1조원 이상 : 11명 이상[매 (③)원 (2조원 이상부터는 매 (④)원] 마다 1명씩 추가한다]

① 1명 이상   ② 2명 이상   ③ 2천억원   ④ 3천억원

> **참고**
>
> **건설업 안전관리자의 선임기준**
> - 공사금액 80억원 이상(관계수급인은 100억원 이상), 120억원 미만(토목공사업은 150억원 미만) 또는 공사금액 120억원 이상(토목공사업은 150억원 이상) 800억원 미만 : 1명 이상
> - 공사금액 800억원 이상 1,500억원 미만 : 2명 이상(다만, 전체 공사기간을 100으로 할 때 공사 시작에서 15에 해당 기간과 공사 종료 전의 15에 해당하는 기간 동안은 1명 이상으로 한다.)
> - 공사금액 1,500억원 이상 2,200억원 미만 : 3명 이상(다만, 전체 공사기간 중 전·후 15에 해당하는 기간은 2명 이상으로 한다.)
> - 공사금액 2,200억원 이상 3천억원 미만 : 4명 이상(다만, 전체 공사기간 중 전·후 15에 해당하는 기간은 2명 이상으로 한다.)
> - 공사금액 3천억원 이상 3,900억원 미만 : 5명 이상(다만, 전체 공사기간 중 전·후 15에 해당하는 기간은 3명 이상으로 한다.)
> - 공사금액 3,900억원 이상 4,900억원 미만 : 6명 이상(다만, 전체 공사기간 중 전·후 15에 해당하는 기간은 3명 이상으로 한다.)
> - 공사금액 4,900억원 이상 6천억원 미만 : 7명 이상(다만, 전체 공사기간 중 전·후 15에 해당하는 기간은 4명 이상으로 한다.)
> - 공사금액 6천억원 이상 7,200억원 미만 : 8명 이상(다만, 전체 공사기간 중 전·후 15에 해당하는 기간은 4명 이상으로 한다.)
> - 공사금액 7,200억원 이상 8,500억원 미만 : 9명 이상(다만, 전체 공사기간 중 전·후 15에 해당하는 기간은 5명 이상으로 한다.)
> - 공사금액 8,500억원 이상 1조원 미만 : 10명 이상(다만, 전체 공사기간 중 전·후 15에 해당하는 기간은 5명 이상으로 한다.)
> - 1조원 이상 : 11명 이상[매 2천억원 2조원 이상부터는 매 3천억원 마다 1명씩 추가한다.] (다만, 전체 공사기간 중 전·후 15에 해당하는 기간은 선임 대상 안전관리자 수의 2분의 1(소수점 이하는 올림한다) 이상으로 한다.)

건설업 산업안전보건관리비 계상 및 사용기준에 관하여 (   ) 안에 적합한 내용을 쓰시오.

> 가. 공사원가 계산서의 구성항목 중 직접재료비, 간접재료비, 직접노무비를 (발주자가 제공할 경우에는 해당 재료비를 포함한) 합한 금액을 (①) (이)라고 한다.
> 나. 건설공사의 시공을 주도하여 총괄·관리하는 자를 (발주자로부터 건설공사를 최초로 도급받은 수급인은 제외) (②) (이)라고 한다.

① 대상액   ② 자기공사자

다음 [보기]의 내용 중 안전관리비로 사용할 수 없는 항목 4가지를 고르시오.

> **[보기]**
> ① 공사장 경계표시를 위한 가설 울타리
> ② 안전보조원의 인건비(전담 안전관리자가 선임된 경우)
> ③ 경사법면의 보호망
> ④ 개인보호구, 개인장구의 보관시설
> ⑤ 현장사무소의 휴게시설
> ⑥ 근로자에게 일률적으로 지급하는 보냉, 보온장구
> ⑦ 안전교육장의 설치비
> ⑧ 작업장 방역 및 소독비, 방충비
> ⑨ 실내 작업장의 냉, 난방시설 설치비 및 유지비
> ⑩ 안전보건 정보교류를 위한 모임 사용비

① 1   ② 5   ③ 6   ④ 9

052 산업안전보건법에 의한 건설업 산업안전보건관리비의 사용항목 4가지를 쓰시오.

① 안전관리자 · 보건관리자의 임금 등
② 안전시설비 등
③ 보호구 등
④ 안전보건진단비 등
⑤ 안전보건교육비 등
⑥ 근로자 건강장해예방비 등

053 사업장에서 무재해 운동을 시행하는 경우 무재해운동의 3요소(무재해운동 추진의 3기둥)를 쓰시오.

① 최고 경영자의 경영자세
② 라인 관리자에 의한 안전보건 추진
③ 직장의 자주 안전 활동의 활성화
　(최고경영자, 라인관리자, 근로자)

054 무재해 운동의 3대 원칙을 쓰시오.

① 무(無)의 원칙(ZERO의 원칙)
② 선취의 원칙(안전제일의 원칙)
③ 참가의 원칙(참여의 원칙)

> **참고**
> 1. 무(無)의 원칙(ZERO의 원칙) : 사업장 내의 모든 잠재위험요인을 적극적으로 사전에 발견하고 파악 · 해결함으로서 산업재해의 근원적인 요소들을 없앤다는 것을 의미한다.
> 2. 선취의 원칙(안전제일의 원칙) : 사업장 내에서 행동하기 전에 잠재위험요인을 발견하고 파악 · 해결하여 재해를 예방하는 것을 의미한다.
> 3. 참가의 원칙(참여의 원칙) : 전원이 일치 협력하여 각자의 위치에서 적극적으로 문제해결을 하겠다는 것을 의미한다.

03 재해조사 및 예방대책

 **055** 유해물(화학물질) 취급시 취급 근로자가 쉽게 볼 수 있는 장소에서 게시 또는 비치사항 3가지를 쓰시오.

① 제품명
② 안전 및 보건상의 취급 주의사항
③ 건강 및 환경에 대한 유해성, 물리적 위험성
④ 물리·화학적 특성 등 고용노동부령으로 정하는 사항
⑤ 물질안전보건자료대상 물질을 구성하는 화학물질 등 분류기준에 해당하는 화학물질의 명칭 및 함유량

 **056** 밀폐공간 작업시 위험요인 3가지를 쓰시오.

① 환기 미 실시
② 감독자 미 배치
③ 호흡용 보호구 미 착용
④ 급기·배기 동시에 미 실시
⑤ 작업시작 전 산소 농도 및 유해가스 미측정

 **057** 무게가 무거운 물건을 인력으로 운반하는 경우 우려되는 재해 발생 형태를 4가지를 쓰시오.

① 과도한 힘·동작
② 압박, 진동
③ 넘어짐
④ 깔림·뒤집힘
⑤ 부딪힘·접촉

 **058** [보기]를 참고하여 재해를 분석하여 쓰시오.

> **[보기]**
> 작업자가 고소작업대 위에서 작업하던 중 지면(바닥)으로 떨어지는 재해가 발생하였다.

(1) 재해발생 형태
(2) 기인물
(3) 가해물

① 재해발생 형태 : 떨어짐
② 기인물 : 고소작업대
③ 가해물 : 지면(바닥)

 **산업재해 발생형태 분류**
° KOSHA GUIDE G-83-2016 『산업재해 기록 · 분류에 관한 지침』 8.10.1

분류 항목	세부 항목
넘어짐	- 사람이 미끄러지거나 넘어짐 - 사람이 거의 평면 또는 경사면, 층계 등에서 구르거나 넘어지는 경우
깔림 · 뒤집힘	- 물체의 쓰러짐이나 뒤집힘 - 기대어져 있거나 세워져 있는 물체 등이 쓰러져 깔린 경우 및 지게차 등의 건설기계 등이 운행 또는 작업 중 뒤집어진 경우
부딪힘 · 접촉	- 물체에 부딪힘, 접촉 - 재해자 자신의 움직임 · 동작으로 인하여 기인물에 접촉 또는 부딪히거나, 물체가 고정부에서 이탈하지 않은 상태로 움직임(규칙, 불규칙) 등에 의하여 접촉한 경우
과도한 힘 · 동작	- 물체의 취급과 관련하여 근육의 힘을 많이 사용하는 경우로서 밀기, 당기기, 지탱하기, 들어 올리기, 돌리기, 잡기, 운반하기 등과 같은 행위 · 동작
압박, 진동	- 재해자가 물체의 취급과정에서 신체 특정 부위에 과도한 힘이 편중 · 집중 · 눌려진 경우나 마찰 접촉 또는 진동 등으로 신체에 부담을 주는 경우

059 산업안전보건법에 의하여 사업주는 근로자가 작업을 할 때 발생할 수 있는 산업재해를 예방하기 위하여 필요한 조치를 하여야 한다. 산업재해를 예방하기 위하여 필요한 조치를 하여야 하는 작업장소 3곳을 쓰시오.

① 근로자가 추락할 위험이 있는 장소
② 토사 · 구축물 등이 붕괴할 우려가 있는 장소
③ 물체가 떨어지거나 날아올 위험이 있는 장소
④ 천재지변으로 인한 위험이 발생할 우려가 있는 장소

04 안전보건교육

060 산업안전보건법에 의하여 안전관리비에서 관리감독자 안전보건업무 수행 시 수당 지급이 가능한 작업 5가지를 쓰시오.

① 건설용 리프트 · 곤돌라를 이용한 작업
② 콘크리트 파쇄기를 사용하여 행하는 파쇄작업 (2미터 이상인 구축물 파쇄에 한정한다)
③ 굴착 깊이가 2미터 이상인 지반의 굴착작업
④ 흙막이지보공의 보강, 동바리 설치 또는 해체작업
⑤ 터널 안에서의 굴착작업, 터널 거푸집의 조립 또는 콘크리트 작업
⑥ 굴착면의 깊이가 2미터 이상인 암석 굴착 작업
⑦ 거푸집 지보공의 조립 또는 해체작업
⑧ 비계의 조립, 해체 또는 변경 작업
⑨ 건축물의 골조, 교량의 상부구조 또는 탑의 금속제의 부재에 의하여 구성되는 것 (5미터 이상에 한정한다)의 조립, 해체 또는 변경 작업
⑩ 콘크리트 공작물(높이 2미터 이상에 한정한다)의 해체 또는 파괴 작업
⑪ 전압이 75볼트 이상인 정전 및 활선작업
⑫ 맨홀 작업, 산소결핍 장소에서의 작업
⑬ 도로에 인접하여 관로, 케이블 등을 매설하거나 철거하는 작업
⑭ 전주 또는 통신주에서의 케이블 공중 가설작업

061 건설일용직 근로자를 대상으로 하는 건설업 기초안전보건교육의 (1) 교육시간과 (2) 교육내용 2가지를 쓰시오.

(1) 교육시간 : 4시간
(2) 교육내용
　　① 건설공사의 종류(건축, 토목 등) 및 시공 절차
　　② 산업재해 유형별 위험요인 및 안전보건조치
　　③ 안전보건관리체제 현황 및 산업안전보건 관련 근로자 권리, 의무

 참고

교육 내용	시간
건설공사의 종류(건축, 토목 등) 및 시공 절차	1시간
산업재해 유형별 위험요인 및 안전보건조치	2시간
안전보건관리체제 현황 및 산업안전보건 관련 근로자 권리, 의무	1시간

 다음 [보기]는 산업안전보건법상의 안전보건교육 시간을 설명하고 있다. ( ) 안에 적합한 시간을 쓰시오.

[보기]
1. 일용근로자의 채용시 교육 : (①)시간 이상
2. 건설업 기초안전 보건교육 : (②)시간
3. 2미터 이상인 구축물 파쇄작업에서 하는 일용근로자의 특별교육 : (③)시간 이상

① 1시간 이상   ② 4시간   ③ 2시간 이상

 사업자가 근로자에게 실시하여야 하는 안전보건교육의 교육 시간을 쓰시오.

[보기]
1. 사무직 종사 근로자의 정기교육 시간 : 매 반기 (①)시간 이상
2. 관리감독자의 정기교육 시간 : 연간 (②) 시간 이상
3. 건설업 기초안전 · 보건교육 시간 : (③)시간
4. 일용근로자를 제외한 근로자의 작업내용변경 시의 교육시간 : (④)시간 이상

① 6시간 이상   ② 16시간 이상   ③ 4시간   ④ 2시간 이상

참고 근로자 안전보건교육

교육과정	교육대상		교육시간
가. 정기교육	1. 사무직 종사 근로자		매 반기 6시간 이상
	2. 그 밖의 근로자	– 판매업무에 직접 종사하는 근로자	매 반기 6시간 이상
		– 판매업무에 직접 종사하는 근로자 외의 근로자	매 반기 12시간 이상
나. 채용 시의 교육	1. 일용근로자 및 근로계약기간이 1주일 이하인 기간제 근로자		1시간 이상
	2. 근로계약기간이 1주일 초과 1개월 이하인 기간제 근로자		4시간 이상
	3. 그 밖의 근로자		8시간 이상
다. 작업내용 변경 시의 근로자	1. 일용근로자 및 근로계약기간이 1주일 이하인 기간제 근로자		1시간 이상
	2. 그 밖의 근로자		2시간 이상
라. 특별교육	1. 일용근로자 및 근로계약기간이 1주일 이하인 기간제 근로자(타워크레인신호작업에 종사하는 근로자 제외)		2시간 이상
	2. 일용근로자 및 근로계약기간이 1주일 이하인 기간제 근로자 중 타워크레인신호작업에 종사하는 근로자		8시간 이상
	3. 일용근로자 및 근로계약기간이 1주일 이하인 기간제 근로자를 제외한 근로자		1) 16시간 이상(최초 작업에 종사하기 전 4시간 이상 실시하고 12시간은 3개월 이내에서 분할하여 실시 가능) 2) 단기간 작업 또는 간헐적 작업인 경우에는 2시간 이상
마. 건설업 기초안전 · 보건교육	건설 일용근로자		4시간 이상

※ 5인 이상 50인 미만의 도매업과 숙박 및 음식점업의 교육시간은 해당 교육시간의 1/2로 함

 안전보건관리책임자는 해당 직위에 선임된 후 3개월 이내에 직무를 수행하는 데 필요한 신규 교육을 받아야 하며, 신규 교육을 이수한 후 매 2년이 되는 날을 기준으로 전후 3개월 사이에 고용노동부장관이 실시하는 안전·보건에 관한 보수교육을 받아야 한다. 산업안전보건법에 의한 안전보건관리책임자의 신규 및 보수교육 시간을 쓰시오.

교육대상	교육시간	
	신규교육	보수교육
가. 안전보건관리책임자	(①) 시간 이상	(②) 시간 이상
나. 안전관리자·안전관리전문기관의 종사자	(③) 시간 이상	(④) 시간 이상
다. 보건관리자·보건관리전문기관의 종사자	(⑤) 시간 이상	(⑥) 시간 이상
라. 재해예방 전문지도기관의 종사자	(⑦) 시간 이상	(⑧) 시간 이상

① 6
② 6
③ 34
④ 24
⑤ 34
⑥ 24

참고

교육대상	교육시간	
	신규교육	보수교육
가. 안전보건관리책임자	6시간 이상	6시간 이상
나. 안전관리자, 안전관리전문기관의 종사자	34시간 이상	24시간 이상
다. 보건관리자, 보건관리전문기관의 종사자	34시간 이상	24시간 이상
라. 재해예방 전문지도기관의 종사자	34시간 이상	24시간 이상
마. 석면조사기관의 종사자	34시간 이상	24시간 이상
바. 안전보건관리담당자	–	8시간 이상
사. 안전검사기관, 자율안전검사기관의 종사자	34시간 이상	24시간 이상

 산업안전보건법상의 사업 내 안전보건교육 중 근로자 정기안전보건교육의 교육내용 5가지를 쓰시오.

① 산업안전보건법령 및 산업재해보상보험 제도에 관한 사항
② 산업안전 및 사고 예방에 관한 사항
③ 산업보건 및 직업병 예방에 관한 사항
④ 직무스트레스 예방 및 관리에 관한 사항
⑤ 직장 내 괴롭힘, 고객의 폭언 등으로 인한 건강장해 예방 및 관리에 관한 사항
⑥ 유해·위험 작업환경 관리에 관한 사항
⑦ 건강증진 및 질병 예방에 관한 사항

암기법 산/산/산/직/직

066 OJT 교육의 특징을 쓰시오.

① 직속상사가 부하 직원에게 일상 업무를 통하여 지식, 기능, 문제해결 능력 및 태도 등을 교육하는 방법으로 개별교육에 적합하다.

참고 OFF JT (Off The Jop Training)
> 외부강사를 초청하여 근로자를 일정한 장소에 집합시켜 실시하는 교육 형태로서 집합교육에 적합하다.

067 건설기술진흥법시행령에 따라 분야별 안전관리책임자 또는 안전관리담당자는 법에 따른 안전교육을 당일 공사작업자를 대상으로 매일 공사 착수 전에 실시하여야 한다. 해당 안전교육에 포함하여야 하는 내용 3가지를 쓰시오.

① 당일 작업의 공법 이해
② 시공상세도면 세부 시공순서
③ 시공기술상의 주의사항

068 산업안전보건법에 의하여 발파작업에서의 유해위험을 방지하기 위한 관리감독자의 업무내용 4가지를 쓰시오.

① 점화 전에 점화작업에 종사하는 근로자가 아닌 사람에게 대피를 지시하는 일
② 점화작업에 종사하는 근로자에게 대피장소 및 경로를 지시하는 일
③ 점화전에 위험구역 내에서 근로자가 대피한 것을 확인하는 일
④ 점화순서 및 방법에 대하여 지시하는 일
⑤ 점화신호를 하는 일
⑥ 점화작업에 종사하는 근로자에게 대피신호를 하는 일
⑦ 발파 후 터지지 않은 장약이나 남은 장약의 유무, 용수(湧水)의 유무 및 암석·토사의 낙하 여부 등을 점검하는 일
⑧ 점화하는 사람을 정하는 일
⑨ 공기압축기의 안전밸브 작동 유무를 점검하는 일
⑩ 안전모 등 보호구 착용 상황을 감시하는 일

069 산업안전보건법에 의한 안전보건개선계획에 관한 내용을 설명하고 있다. ( ) 안에 적합한 내용을 쓰시오.

> 안전보건개선계획의 수립·시행명령을 받은 사업주는 고용노동부장관이 정하는 바에 따라 안전보건개선계획서를 작성하여 그 명령을 받은 날부터 (①) 일 이내에 관할 지방고용노동관서의 장에게 제출하여야 한다.
> 1. 안전보건개선계획서는 시설, (②), (③), 산업재해예방 및 작업환경 개선을 위하여 필요한 사항이 포함되어야 한다.

① 60일
② 안전·보건관리체제
③ 안전·보건교육

070 산업안전보건법에 의한 안전보건진단을 받아 안전보건개선계획을 수립하도록 명할 수 있는 사업장 종류 3가지만 쓰시오.

① 산업재해율이 같은 업종 평균 산업재해율의 2배 이상인 사업장
② 사업주가 필요한 안전조치 또는 보건조치를 이행하지 아니하여 중대재해가 발생한 사업장
③ 직업성 질병자가 연간 2명이상 발생한 사업장 (상시근로자 1천명 이상 사업장의 경우 3명 이상)
④ 작업환경 불량, 화재·폭발 또는 누출사고 등으로 사업장 주변까지 피해가 확산된 사업장

071 재해 분석방법 중 통계적 분석법 2가지를 쓰시오.

① 파레토도
② 특성요인도
③ 크로스도(Cross Diagram)
④ 관리도

5 공종별 안전(잠함, 터널, 교량, 발파 및 해체, 채석, 전기)

잠함·우물통·수직갱 그 밖에 이와 유사한 건설물 또는 설비의 내부에서 굴착 작업을 하는 때에 준수하여야 할 사항 3가지를 쓰시오.

① 산소결핍의 우려가 있는 때에는 산소의 농도를 측정하는 자를 지명하여 측정하도록 할 것
② 근로자가 안전하게 오르내리기 위한 설비를 설치할 것
③ 굴착 깊이가 20미터를 초과하는 때에는 해당작업장소와 외부와의 연락을 위한 통신 설비 등을 설치할 것

가스용기를 현장에서 취급할 때 주의사항 4가지를 쓰시오.

① 밸브의 개폐는 서서히 할 것
② 운반할 때에는 캡을 씌울 것
③ 전도의 위험이 없도록 할 것
④ 충격을 가하지 아니하도록 할 것
⑤ 용해아세틸렌의 용기는 세워 둘 것
⑥ 용기의 온도를 섭씨 40도 이하로 유지할 것
⑦ 용기의 부식·마모 또는 변형상태를 점검한 후 사용할 것
⑧ 사용할 때에는 용기의 마개에 부착되어있는 유류 및 먼지를 제거할 것
⑨ 사용 전 또는 사용 중인 용기와 그 외의 용기를 명확히 구별하여 보관할 것

터널 건설작업 시 터널 내부의 시계가 배기가스나 (①) 등에 의하여 현저하게 제가한되는 경우에는 (②)를 하거나 물을 뿌리는 등 시계를 유지하기 위하여 필요한 조치를 하여야 한다.

① 분진　　　　　　　　　　② 환기

 터널 등의 내부에서 금속 용접·용단 또는 가열작업을 하는 경우에 화재감시자를 지정하여 배치해야 하는 장소 3가지를 쓰시오.

① 작업반경 11m 이내에 건물구조 자체나 내부(개구부 등으로 개방된 부분을 포함한다)에 가연성 물질이 있는 장소
② 작업반경 11m 이내에 바닥 하부 가연성 물질이 11m 이상 떨어져 있지만 불꽃에 의해 쉽게 발화될 우려가 있는 장소
③ 가연성 물질이 금속으로 된 칸막이 벽·천장 또는 지붕의 반대쪽 면에 인접해 있어 열전도나 열복사에 의해 발화될 우려가 있는 장소

 전기발파작업시 도통시험 및 저항시험을 위한 이격 거리를 쓰시오.

① 전기발파 작업 시 전선은 점화하기 전에 화약류를 충진한 장소로부터 30m 이상 떨어진 안전한 장소에서 도통시험 및 저항시험을 실시하여야 한다.

 가연성 물질이 있는 장소에서 화재위험작업시 화재예방에 필요한 준수사항 3가지를 쓰시오.

① 작업준비 및 절차 수립
② 작업장 내 위험물의 사용·보관 현황 파악
③ 작업근로자에 대한 화재예방 및 피난교육 등 비상조치
④ 용접불티 비산방지덮개, 용접방화포 등 불꽃, 불티의 비산방지 조치
⑤ 인화성 액체의 증가 및 인화성 가스가 남아 있지 않도록 환기 등의 조치
⑥ 화기작업에 따른 인근 가연(인화)성 물질에 대한 방호조치 및 소화기구 비치

 교량가설 공법의 명칭을 쓰시오.

※과정은 제작장 그물 시공 → 강재 거푸집 설치 → 추진코 설치 → 거더 콘크리트 설치 → 거더 콘크리트 타설 → 콘크리트 양생 → 구조물 인장 작업 → 구조물 조립 → 구조물 시공이다.
-ILM(압출공법)

079 교류아크용접기에 자동전격방지기를 설치하여야 하는 장소 3가지를 쓰시오.

① 선박의 선체 내부, 밸러스트 탱크, 보일러 내부 등 도전체에 둘러싸인 장소
② 추락할 위험이 있는 높이 2미터 이상의 장소로 철골 등 도전성이 높은 물체에 근로자가 접촉할 우려가 있는 장소
③ 근로자가 물·땀 등으로 인하여 도전성이 높은 습윤 상태에서 작업하는 장소

080 과전류 차단장치의 요구성능 확보와 관련된 설치방법 2가지를 쓰시오.

① 과전류차단장치가 전기계통상에서 상호협조·보완되어 과전류를 효과적으로 차단하도록 할 것
② 차단기·퓨즈는 계통에서 발생하는 최대 과전류에 대하여 충분하게 차단할 수 있는 성능을 가질 것
③ 과전류차단장치는 반드시 접지선이 아닌 전로에 직렬로 연결하여 과전류 발생 시 전로를 자동으로 차단하도록 설치할 것

081 꽂음접속기를 설치하거나 사용하는 경우 준수사항 3가지를 쓰시오.

① 해당 꽂음 접속기에 잠금장치가 있는 경우에는 접속 후 잠그고 사용할 것
② 서로 다른 전압의 꽂음 접속기는 서로 접속되지 아니한 구조의 것을 사용할 것
③ 습윤한 장소에 사용되는 꽂음 접속기는 방수형 등 그 장소에 적합한 것을 사용할 것
④ 근로자가 해당 꽂음 접속기를 접속시킬 경우에는 땀 등, 젖은 손으로 취급하지 않도록 할 것

 전기기계·기구에 대하여 누전에 의한 감전 위험을 방지하기 위하여 해당 전로의 정격에 적합하고 감도가 양호하며 확실하게 작동하는 감전방지용 누전차단기를 설치하여야 하는 경우 3가지를 쓰시오.

① 임시배선의 전로가 설치되는 장소에서 사용하는 이동형 또는 휴대형 전기기계·기구
② 대지전압이 150볼트를 초과하는 이동형 또는 휴대형 전기기계·기구
③ 철판·철골 위 등 도전성이 높은 장소에서 사용하는 이동형 또는 휴대형 전기기계·기구
④ 물 등 도전성이 높은 액체가 있는 습윤장소에서 사용하는 저압용 전기기계·기구
(1.5천볼트 이하 직류전압이나 1천볼트 이하 교류전압을 말한다.)

암기법 임/대/철/물

TIP 물 및 도전성이 높은 곳에서만 저압용 전기기계·기구를 사용하고, 나머지 구역에서는 이동형 또는 휴대형 전기기계·기구 사용함

 산업안전보건법에 의한 누전차단기를 접속 할 때의 준수사항에 관한 내용이다. ( ) 안에 적합한 내용을 쓰시오.

전기기계·기구에 설치되어 있는 누전차단기는 정격감도전류가 (①) 이하이고 작동시간은 (②) 이내일 것. 다만, 정격전부하전류가 50A 이상인 전기기계·기구에 접속되는 누전 차단기는 오작동을 방지하기 위하여 정격감도전류는 (③) 이하로, 작동시간은 (④) 이내로 할 수 있다.

① 30mA   ② 0.03초   ③ 200mA   ④ 0.1초

084 충전전로 인근에서 비계작업을 실시하는 경우 충전전로와의 접촉을 방지하기 위한 조치사항 2가지를 쓰시오.

① 울타리를 설치 또는 감시인 배치 등의 조치
② 비계 등을 충전부로부터 300cm 이상 이격시키되, 대지전압이 50kv를 넘는 경우 이격거리는 10kv 증가할 때마다 10cm 씩 증가시킨다.

 **충전전로 인근에서의 차량 · 기계장치 작업**

① 충전전로 인근에서의 차량, 기계장치 등의 작업이 있는 경우에는 차량등을 충전전로의 충전부로부터 300cm 이상 이격시켜 유지시키되, 대지전압이 50kv를 넘는 경우 이격거리는 10kv 증가할 때마다 10cm 씩 증가시켜야 한다. 다만, 차량등의 높이를 낮춘 상태에서 이동하는 경우에는 이격거리를 120cm 이상(대지전압이 50kv를 넘는 경우에는 10kv 증가할 때마다 이격거리를 10cm 식 증가)으로 할 수 있다.
② 충전전로의 전압에 적합한 절연용 방호구 등을 설치한 경우에는 이격거리를 절연용 방호구 앞면까지로 할 수 있으며, 차량 등의 가공 붐대의 버킷이나 끝부분 등이 충전전로의 전압에 적합하게 절연되어 있고 有자격자가 작업을 수행하는 경우에는 붐대의 절연되지 않는 부분과 충전전로 간의 이격거리는 접근 한계거리까지로 할 수 있다.
③ 근로자가 차량 등의 그 어느 부분과도 접촉하지 않도록 울타리를 설치하거나 감시인 배치 등의 조치를 하여야 한다.
④ 충전전로 인근에서 접지된 차량등이 충전전로와 접촉할 우려가 있을 경우에는 지상의 근로자가 접지점에 접촉하지 않도록 조치하여야 한다.

085 근로자가 작업 또는 통행 등으로 인하여 전기기계 · 기구 또는 전로 등의 충전부분에 접촉하거나 접근함으로써 감전의 위험이 있는 충전부분에 대하여는 감전을 방지하기 위한 조치를 하여야 한다. 전기기계 · 기구 등의 충전부 방호 조치사항 3가지를 쓰시오.

① 충전부가 노출되지 아니하도록 폐쇄형 외함이 있는 구조로 할 것
② 충전부에 충분한 절연 효과가 있는 방호망 또는 절연 덮개를 설치할 것
③ 충전부는 내구성이 있는 절연물로 완전히 덮어 감쌀 것
④ 발전소 · 변전소 및 개폐소 등 구획되어 있는 장소로서 관계 근로자가 아닌 사람의 출입이 금지되는 장소에 충전부를 설치하고, 위험표시 등의 방법으로 방호를 강화할 것
⑤ 전주 위 철탑 위 등 격리되어 있는 장소로서 관계 근로자가 아닌 사람이 접근할 우려가 없는 장소에 충전부를 설치할 것

암기법 충/충/충/가/에/는

086. 전기기계·기구 등의 절연손상으로 인한 전압의 발생으로 야기되는 간접 접촉의 방지 대책 2가지를 쓰시오.

① 동시에 접촉 가능한 2개의 도전성 부분을 2M 이상 격리시킬 것
② 동시에 접촉 가능한 2개의 도전성 부분을 절연체로 된 방호울로 격리시킬 것
③ 2,000V의 시험 전압에 견디고 누설전류가 1mA 이하가 되도록 어느 한 부분을 절연 시킬 것

> **참고**
> "간접접촉" 이란 고장으로 전압이 인가된 도전성 부분에 인체가 접촉되는 것을 말한다.

087. 1차 감전위험 요소 4가지를 쓰시오.

① 통전전류 크기
② 통전시간
③ 통전경로
④ 전원의 종류(직류보다 교류가 더 위험)

> **참고**
> 2차 감전 위험 요소
>
> | ① 인체 조건(저항) | ② 전압 | ③ 계절 |

088. 상부구조가 금속 또는 콘크리트로 구성되는 그 높이가 5m이상 교량의 설치 해체 또는 변경작업 시 작업계획서의 내용 3가지를 쓰시오.

① 작업방법 및 순서
② 작업지휘자의 배치계획
③ 사용하는 기계 등의 성능, 작업방법
④ 부재의 낙하·전도 또는 붕괴를 방지하기 위한 방법
⑤ 작업에 종사하는 근로자의 추락 위험을 방지하기 위한 안전조치 방법
⑥ 공사에 사용되는 가설 철구조물 등의 설치·사용·해체 시 안정성 검토방법

06 가설공사 (비계, 통로)

089 강관틀비계 조립 시 준수사항 3가지를 쓰시오.

① 주틀 간에 교차가새를 설치하고 최상층 및 5층 이내마다 수평재를 설치할 것
② 수직방향으로 6m, 수평방향으로 8m 이내마다 벽이음을 할 것
③ 길이가 띠장방향으로 4m 이하이고 높이가 10m를 초과하는 경우에는 10m 이내마다 띠장 방향으로 버팀기둥을 설치할 것

090 강관비계 조립 시 준수사항 2가지를 쓰시오.

① 교차가새로 보강할 것
② 강관의 접속부 또는 교차부는 적합한 부속철물을 사용하여 접속하거나 단단히 묶을 것
③ 비계기둥에는 미끄러지거나 침하하는 것을 방지하기 위하여 밑받침철물을 사용하거나 깔판·깔목 등을 사용하여 밑둥잡이를 설치하는 등의 조치를 할 것
④ 가공전로에 근접하여 비계를 설치하는 경우에는 가공전로를 이설하거나 가공전로에 절연용 방호구를 장착하는 등 가공전로와의 접촉을 방지하기 위한 조치를 할 것

091 가공전로에 근접하여 비계를 설치하는 경우에는 가공전로와의 접촉을 방지하기 위하여 필요한 조치 2가지를 쓰시오.

① 가공전로를 이설
② 가공전로에 절연용 방호구를 설치

092 강관비계의 조립 간격을 나타내었다. ( ) 안에 적합한 내용을 쓰시오.

비계 종류		수직방향	수평방향
강관비계	단관비계	(①)m	(②)m
	틀비계 (높이 5m 미만인 것 제외)	(③)m	(④)m

① 5m　　② 5m　　③ 6m　　④ 8m

> 참고

비계 종류		수직방향	수평방향
강관비계	단관비계	5m	5m
	틀비계(높이 5m 미만인 것 제외)	6m	8m
통나무 비계		5.5m	7.5m

 다음 [보기]는 강관비계의 구조에 관한 내용이다. (　　) 안에 적합한 내용을 쓰시오.

[보기]
1. 비계기둥 간격은 띠장방향에서는 (①) m, 장선방향에서는 1.5m 이하로 할 것
2. 띠장간격은 (②) m 이하로 설치할 것
3. 비계기둥의 제일 윗부분으로 부터 (③) m 되는 지점 밑 부분의 비계기둥은 2본의 강관으로 묶어 세울 것

① 1.85m　　　② 2.0m　　　③ 31m

 강관비계의 구조에 관한 내용이다. (　　) 안에 적합한 내용을 쓰시오.

비계기둥 간격은 띠장방향에서 (①) 이하, 장선방향에서는 (②) 이하로 할 것
다만, 다음 각 목의 어느 하나에 해당하는 작업의 경우에는 안전성에 대한 구조검토를 실시하고 조립도를 작성하면 띠장 방향 및 장선 방향으로 각각 (③) 이하로 할 수 있다.
가. 선박 및 보트 건조작업
나. 그 밖의 장비 반입·반출을 위하여 공간 등을 확보할 필요가 있는 등 작업의 성질상 비계기둥 간격에 관한 기준을 준수하기 곤란한 작업

① 1.85m　　　② 1.5m　　　③ 2.7m

참고

강관비계의 구조	강관비계 조립 시의 준수사항
① 비계 기둥 간격 : 띠장방향에서는 1.85m 이하, 장선방향에서는 1.5m 이하로 할 것. 다만, 다음 각 목의 어느 하나에 해당하는 작업의 경우에는 안전성에 대한 구조검토를 실시하고 조립도를 작성하면 띠장 방향 및 장선 방향으로 각각 2.7m 이하로 할 수 있다. 가. 선박 및 보트 건조업 나. 그 밖의 장비 반입·반출을 위하여 공간 등을 확보할 필요가 있는 등 작업의 성질상 비계기둥 간격에 관한 기준을 준수하기 곤란한 작업 ② 띠장간격 : 2.0m 이하로 할 것(다만, 작업의 성질상 이를 준수하기가 곤란하여 쌍기둥 틀 등에 의하여 해당 부분을 보강한 경우에는 그러하지 아니하다) ③ 비계기둥의 제일 윗부분으로부터 31m 되는 지점 밑 부분의 비계기둥은 2본의 강관으로 묶어 세울 것(다만, 브라켓(braket, 까치발) 등으로 보강하여 2개의 강관으로 묶을 경우 이상의 강도가 유지되는 경우에는 그러하지 아니하다. ④ 비계기둥간의 적재하중은 400kg을 초과하지 않도록 할 것	① 비계기둥에는 미끄러지거나 침하하는 것을 방지하기 위하여 밑받침 철물을 사용하거나 깔판·받침목 등을 사용하여 밑둥잡이를 설치할 것 ② 강관의 접속부 또는 교차부는 적합한 부속철물을 사용하여 접속하거나 단단히 묶을 것 ③ 교차가새로 보강할 것 ④ 외줄비계·쌍줄비계 또는 돌출비계의 벽이음 및 버팀 설치 - 조립간격 : 수직방향에서 5m 이하, 수평방향에서 5m 이하 - 강관·통나무등의 재료를 사용하여 견고한 것으로 할 것 - 인장재와 압축재로 구성되어 있는 때에는 인장재와 압축재의 간격을 1m 이내로 할 것 ⑤ 가공 전로에 근접하여 비계를 설치하는 때에는 가공 전로를 이설, 절연용 방호구를 장착하는 등 가공 전로와의 접촉을 방지하기 위한 조치를 할 것

 비·눈 그 밖의 기상상태의 불안정으로 인하여 날씨가 몹시 나빠서 작업을 중지시킨 후 또는 비계를 조립·해체하거나 또는 변경한 후 그 비계에서 작업을 하는 때에는 작업시작 전 비계를 점검하여야 한다. 비계를 조립·해체, 변경한 후 작업시작 전 점검 항목 4가지를 쓰시오.

① 손잡이의 탈락 여부
② 발판 재료의 손상 여부 및 부착 또는 걸림 상태
③ 연결 재료 및 연결철물의 손상 또는 부식 상태
④ 기둥의 침하·변형·변위 또는 흔들림 상태
⑤ 해당 비계의 연결부 또는 접속부의 풀림 상태
⑥ 로프의 부착상태 및 매단 장치의 흔들림 상태

암기법 손/발/연/기/해

 건설현장에서 시스템 비계를 사용하는 경우 준수하여야 하는 시스템 비계의 사항 3가지를 쓰시오.

① 비계 기둥의 밑둥에는 밑받침철물을 사용하여야 하며, 밑받침에 고저차가 있는 경우에는 조절형 밑받침철물을 사용하여 시스템 비계가 항상 수평 및 수직을 유지하도록 할 것
② 경사진 바닥에 설치하는 경우에는 피벗형 받침 철물 또는 쐐기 등을 사용하여 밑받침철물의 바닥면이 수평을 유지하도록 할 것
③ 가공전로에 근접하여 비계를 설치하는 경우에는 가공전로를 이설하거나 가공전로에 절연용방호구를 설치하는 등 가공전로와의 접촉을 방지하기 위하여 필요한 조치를 할 것
④ 비계 내에서 근로자가 상하 또는 좌우로 이동하는 경우에는 반드시 지정된 통로를 이용하도록 주지시킬 것
⑤ 비계 작업 근로자는 같은 수직면상의 위와 아래 동시 작업을 금지할 것
⑥ 작업발판에는 제조사가 정한 최대적재하중을 초과하여 적재해서는 아니되며, 최대적재하중이 표기된 표지판을 부착하고 근로자에게 주지시키도록 할 것

참고 시스템 비계의 구조

1. 수직재·수평재·가새재를 견고하게 연결하는 구조가 되도록 할 것
2. 비계 밑단의 수직재와 받침철물은 밀착되도록 설치하고, 수직재와 받침철물의 연결부의 겹침길이는 받침철물 전체 길이의 3분의 1 이상이 되도록 할 것
3. 수평재는 수직재와 직각으로 설치하여야 하며, 체결 후 흔들림이 없도록 견고하게 설치할 것
4. 수직재와 수직재의 연결철물은 이탈되지 않도록 견고한 구조로 할 것
5. 벽 연결재의 설치간격은 제조사가 정한 기준에 따라 설치할 것

 수직재, 수평재, 가새 등의 부재를 공장에서 제작하여 현장에서 조립하여 사용하는 가설구조물인 비계를 무엇이라고 하는지 쓰시오.

정답 : 시스템 비계

 시스템비계 조립 시 주의사항 3가지를 쓰시오.

① 비계 기둥의 밑둥에는 밑받침 철물을 사용하여야 하며, 밑받침에 고저차가 있는 경우에는 조절형 밑받침 철물을 사용하여 시스템비계가 항상 수직을 유지하도록 할 것
② 경사진 바닥에 설치하는 경우에는 피벗형 받침 철물 또는 쐐기 등을 사용하여 밑받침 철물 의 바닥면이 수평을 유지하도록 할 것
③ 가공전로에 근접하여 비계를 설치하는 경우에는 가공전로를 이설하거나 가공전로에 절연용 방호구를 설치하는 등 가공전로와의 접촉을 방지하기 위하여 필요한 조치를 할 것

 시스템 비계 구성하는 경우 준수사항 3가지를 쓰시오.

① 벽 연결재의 설치간격은 제조사가 정한 기준에 따라 설치할 것
② 수직재・수평재・가새재를 견고하게 연결하는 구조가 되도록 할 것
③ 수직재와 수직재의 연결철물은 이탈되지 않도록 견고한 구조로 할 것
④ 수평재와 수직재와 직각으로 설치하여야 하며, 체결 후 흔들림이 없도록 견고하게 설치할 것
⑤ 비계 밑단의 수직재와 받침철물은 밀착되도록 설치하고, 수직재와 받침철물의 연결부의 겹침 길이는 받침철물 전체길이의 3분의 1 이상이 되도록 할 것

 비계작업 시 벽연결 역할 기능 2가지를 쓰시오.

① 비계 전체 좌굴 방지
② 풍하중에 의한 무너짐 방지
③ 위험방지판, 네트 프레인 등에 의한 편심하중을 지탱하여 무너짐 방지

101. 파이프서포트 준수사항 3가지를 쓰시오.

① 지주의 이음은 맞댄이음 또는 장부이음으로 하고 동질의 재료를 사용할 것
② 강재와 강재와의 접속부 및 교차부는 볼트·클램프 등 전용 철물을 사용하여 단단히 연결할 것
③ 지주로 사용하는 강관과 3.5m를 초과하는 파이프 받침을 사용할 경우에 대해서 높이가 2m를 초과할 때에는 수평연결재를 연결할 것

102. 가설 시설물의 구조적 특징 3가지를 쓰시오.

① 연결재가 적은 불안한 구조로 되기 쉽다.
② 부재결합이 간단하나 불안전 할 수 있다.
③ 조립의 정밀도가 낮다.
④ 단면에 결함이 있기 쉽다.

103. 파이프서포트를 지주(동바리)로 사용할 경우 준수해야 할 사항에 대한 내용을 쓰시오.

1. 파이프서포트를 (①) 개본 이상 이어서 사용하지 아니하도록 할 것
2. 파이프서포트를 이어서 사용할 때에는 (②)개 이상의 볼트 또는 전용철물을 사용하여 이을 것
3. 높이가 (③)m를 초과할 때 높이 (④)m 이내마다 수평연결재를 2개방향으로 만들고 수평연결재의 변위를 방지할 것

① 3개   ② 4개   ③ 3.5m   ④ 2m

104. 건설공사에 사용하는 외부비계의 종류 5가지를 쓰시오.

① 통나무 비계
② 강관 비계
③ (강관)틀 비계
④ 이동식 비계
⑤ 시스템 비계
⑥ 말비계
⑦ 달비계
⑧ 달대비계
⑨ 걸침비계

 **거푸집 및 지보공(동바리)의 시공 시에 고려하여야 하는 하중의 종류 3가지를 쓰시오.**

① 연직방향 하중
② 횡방향 하중
③ 콘크리트의 측압
④ 특수하중
⑤ 위의 ① ~ ④ 항목의 하중에 안전율을 고려한 하중

> **참고**
> ① 연직방향 하중 : 거푸집, 지보공(동바리), 콘크리트, 철근, 작업원, 타설용 기계기구, 가설 설비 등의 중량 및 충격하중
> ② 횡방향 하중 : 작업할 때의 진동, 충격, 시공오차 등에 기인되는 횡방향 하중 이외에 필요에 따라 풍압, 유수압, 지진 등
> ③ 콘크리트의 측압·굳지 않은 콘크리트의 측압
> ④ 특수 하중·시공 중에 예상되는 특수한 하중

 **거푸집 동바리 설치·조립시 준수사항 3가지를 쓰시오.**

① 동바리의 상하 고정 및 미끄러짐 방지 조치를 하고, 하중의 지지상태를 유지할 것
② 동바리의 이음은 맞댄이음이나 장부이음으로 하고 같은 품질의 재료를 사용할 것
③ 거푸집이 곡면인 경우에는 버팀대의 부착 등 거푸집의 부상을 방지하기 위한 조치를 할 것
④ 깔목의 사용, 콘크리트 타설, 말뚝박기 등 동바리의 침하를 방지하기 위한 조치를 할 것
⑤ 강재와 강재의 접속부 및 교차부는 볼트·클램프 등 전용철물을 사용하여 단단히 연결할 것
⑥ 개구부 상부에 동바리를 설치하는 경우에는 상부하중을 견딜 수 있는 견고한 받침대를 설치 할 것

 **거푸집동바리의 조립 또는 해체작업 시의 준수사항 3가지를 쓰시오.**

① 해당 작업을 하는 구역에는 관계 근로자가 아닌 사람의 출입을 금지시킬 것
② 비·눈 그 밖의 기상상태의 불안정으로 인하여 날씨가 몹시 나쁠 때에는 그 작업을 중지시킬 것
③ 재료·기구 또는 공구 등을 올리거나 내릴 때에는 근로자로 하여금 달줄·달포대 등을 사용하도록 할 것
④ 낙하·충격에 의한 돌발적 재해를 방지하기 위하여 버팀목을 설치하고 거푸집동바리 등을 인양장비에 매단 후에 작업을 하도록 하는 등 필요한 조치를 할 것

108 다음 [보기]는 거푸집의 해체작업을 하는 경우 준수사항을 설명하고 있다. (   ) 안에 적합한 내용을 쓰시오.

> [보기]
> 1. 거푸집 및 지보공(동바리)의 해체는 순서에 의하여 실시하여야 하며 (①)를 배치하여야 한다.
> 2. 거푸집 및 지보공(동바리)은 콘크리트 자중 및 시공 중에 가해지는 기타 하중에 충분히 견딜만한 (②)를 가질 때까지는 해체하지 아니하여야 한다.
> 3. 해체작업을 할 때에는 안전모 등 (③)를 착용토록 하여야 한다.
> 4. 거푸집 해체 작업장 주위에는 관계자를 제외하고는 (④) 조치를 하여야 한다.
> 5. (⑤) 동시 작업은 원칙적으로 금지하고 부득이한 경우에는 긴밀히 연락을 취하며 작업을 하여야 한다.
> 6. 보 또는 슬라브 거푸집을 제거할 때에는 거푸집의 (⑥)으로 인한 작업원의 돌발적 재해를 방지하여야 한다.

① 안전담당자
② 강도
③ 안전 보호장구
④ 출입금지
⑤ 상하
⑥ 낙하 충격

참고

거푸집의 해체작업을 하여야 할 때에는 다음 각 호의 사항을 준수하여야 한다.
1. 거푸집 및 지보공(동바리)의 해체는 순서에 의하여 실시하여야 하며 안전담당자를 배치하여야 한다.
2. 거푸집 및 지보공(동바리)은 콘크리트 자중 및 시공 중에 가해지는 기타 하중에 충분히 견딜만한 강도를 가질 때까지는 해체하지 아니하여야 한다.
3. 거푸집을 해체할 때에는 다음 각 목에 정하는 사항을 유념하여 작업하여야 한다.
   ① 해체작업을 할 때에는 안전모 등 안전 보호장구를 착용토록 하여야 한다.
   ② 거푸집 해체 작업장 주위에는 관계자를 제외하고는 출입을 금지시켜야 한다.
   ③ 상하 동시 작업은 원칙적으로 금지하고 부득이한 경우에는 긴밀히 연락을 취하며 작업을 하여야 한다.
   ④ 거푸집 해체 때 구조체에 무리한 충격이나 큰 힘에 의한 지렛대 사용은 금지하여야 한다.
   ⑤ 보 또는 슬라브 거푸집을 제거할 때에는 거푸집의 낙하 충격으로 인한 작업원의 돌발적 재해를 방지하여야 한다.
   ⑥ 해체된 거푸집이나 각목 등에 박혀있는 못 또는 날카로운 돌출물은 즉시 제거하여야 한다.
   ⑦ 해체된 거푸집이나 각목은 재사용 가능한 것과 보수하여야 할 것을 선별, 분리하여 적치하고 정리정돈을 하여야 한다.
4. 기타 제3자의 보호조치에 대하여도 완전한 조치를 강구하여야 한다.

109 흙막이 지보공의 보강 또는 동바리를 설치하거나 해체하는 작업을 하는 경우 실시하여야 하는 특별교육의 내용 4가지를 쓰시오.

① 작업안전 점검 요령과 방법에 관한 사항
② 동바리의 운반·취급 및 설치 시 안전작업에 관한 사항
③ 해체작업 순서와 안전기준에 관한 사항
④ 보호구 취급 및 사용에 관한 사항
⑤ 그 밖의 안전·보건관리에 필요한 사항

110 지반의 붕괴, 구축물의 붕괴 또는 토석의 낙하 등에 의하여 근로자가 위험해질 우려가 있는 경우에는 그 위험을 방지하기 위하여 조치를 하여야 한다. 다음 (   ) 안에 적합한 내용을 쓰시오.

> 1. 지반은 안전한 경사로 하고 낙하의 위험이 있는 토석을 제거하거나 옹벽, (①) 등을 설치할 것
> 2. 지반의 붕괴 또는 토석의 낙하 원인이 되는 빗물이나 (②) 등을 배제할 것
> 3. 갱내의 낙반·측벽(側壁) 붕괴의 위험이 있는 경우에는 지보공을 설치하고 부석을 제거하는 등 필요한 조치를 할 것

① 흙막이 지보공
② 지하수

111 강관, 클램프, 앵커 및 벽 연결용 철물 등을 사용하여 비계와 영구 구조체 사이를 연결하는 비계 벽이음의 역할 2가지를 쓰시오.

① 풍하중에 의한 움직임 방지
② 수평하중에 의한 움직임 방지

112 높이 5m 이상의 비계 조립·해체 및 변경 작업 시의 준수사항 5가지를 쓰시오.

① 관리감독자의 지휘하에 작업하도록 할 것
② 조립·해체 또는 변경의 시기·범위 및 절차를 그 작업에 종사하는 근로자에게 교육할 것
③ 조립·해체 또는 변경 작업 구역 내에는 해당 작업에 종사하는 근로자외의 자의 출입을 금지시키고 그 내용을 보기 쉬운 장소에 게시할 것
④ 비·눈 그 밖의 기상상태의 불안정으로 인하여 날씨가 몹시 나쁠 때에는 그 작업을 중지시킬 것
⑤ 비계 재료의 연결·해체작업을 하는 때에는 폭 20cm 이상의 발판을 설치하고 근로자로 하여금 안전대를 사용하도록 하는 등 근로자의 추락방지를 위한 조치를 할 것
⑥ 재료·기구 또는 공구 등을 올리거나 내리는 때에는 근로자로 하여금 달줄 또는 달포대 등을 사용하도록 할 것

참고 달비계를 조립, 해체하거나 변경작업을 할 때
① 작업용 섬유로프, 작업용 섬유로프의 고정점, 구명줄의 조정점, 작업대, 고리걸이용 철구 및 안전대등의 결손여부
② 작업용 섬유로프 및 안전대 부착설비용 로프가 고정점에 풀리지 않는 매듭방법으로 결속되었는지 확인
③ 근로자가 작업대에 탑승하기 전 안전모 및 안전대를 착용하고 안전대를 구명줄에 체결했는지 확인
④ 작업방법 및 근로자 배치를 결정하고 작업 진행 상태를 감시

113 산업안전보건법령상, 높이 5m 이상의 비계를 조립, 해체하거나 변경작업을 할 때 유해·위험을 방지하기 위한 관리감독자의 업무내용을 3가지만 쓰시오.

① 재료의 결함 유무를 점검하고 불량품을 제거하는 일(해체작업의 경우에는 적용 제외)
② 기구·공구·안전대 및 안전모 등의 기능을 점검하고 불량품을 제거하는 일
③ 작업방법 및 근로자 배치를 결정하고 작업 진행 상태를 감시하는 일
④ 안전대와 안전모 등의 착용 상황을 감시하는 일

114 [보기]의 설명에 해당하는 거푸집 부재의 명칭을 쓰시오.

> [보기]
> 1. (①) 이란 거푸집의 일부로서 콘크리트에 직접 접하는 목재나 금속 등 판류를 말한다.
> 2. (②)란 타설된 콘크리트가 소정의 강도를 얻기까지 고정하중 및 작업하중 등을 지지하기 위하여 설치하는 부재 또는 작업 장소가 높은 경우 발판, 재료 운반이나 위험물 낙하 방지를 위해 설치하는 임시 지지대를 말한다.

① 거푸집 널
② 동바리

115 달기 와이어로프 또는 달기체인의 적합한 안전계수를 쓰시오.

> [보기]
> 1. 근로자가 탑승하는 운반구를 지지하는 달기와이어로프 또는 달기체인의 경우 : (①) 이상
> 2. 하물의 하중을 직접 지지하는 달기와이어로프 또는 달기체인의 경우 : (②) 이상
> 3. 훅, 샤클, 클램프, 리프팅 빔의 경우 : (③) 이상
> 4. 그 밖의 경우 : (④) 이상

① 10   ② 5   ③ 2.5   ④ 5

116 화물운반용 또는 고정용으로 사용할 수 없는 섬유로프의 사용금지 기준 2가지를 쓰시오.

① 꼬임이 끊어진 것
② 심하게 손상되거나 부식된 것

 **117** 와이어로프의 사용금지 기준 5가지를 쓰시오.

① 꼬인 것
② 지름의 감소가 공칭 지름의 7퍼센트를 초과하는 것
③ 와이어로프의 한 꼬임에서 끊어진 소선의 수가 10퍼센트 이상인 것
④ 열과 전기충격에 의해 손상된 것
⑤ 심하게 변형되거나 부식된 것
⑥ 이음매가 있는 것

암기법 ▶ 꼬지와 열심이

참고 달기 체인 등 사용 금지 항목

달기 체인	① 달기 체인의 길이가 제조된 때 길이의 5퍼센트 이상 늘어난 것 ② 링의 단면지름이 제조된 때의 해당 링의 지름의 10퍼센트 초과하여 감소한 것 ③ 균열이 있거나 심하게 변형된 것
섬유로프, 섬유벨트	① 꼬임이 끊어진 것 ② 심하게 손상되거나 부식된 것 ③ 2개 이상의 작업용 섬유로프 또는 섬유벨트를 연결한 것 ④ 작업높이보다 길이가 짧은 것
와이어로프	① 꼬인 것 ② 지름의 감소가 공칭 지름의 7퍼센트를 초과하는 것 ③ 와이어로프의 한 꼬임에서 끊어진 소선의 수가 10퍼센트 이상인 것 ④ 열과 전기충격에 의해 손상된 것 ⑤ 심하게 변형되거나 부식된 것 ⑥ 이음매가 있는 것

 **118** 다음 와이어로프의 클립에 관한 내용이다. (　) 안에 적합한 내용을 쓰시오.

와이어로프 직경(mm) 클립수(개)
가. 9 ~ 16 (①)
나. 24 (②)
다. 32 (③)
① 4개
② 5개
③ 6개

참고
```
KOSHA GUIDE M-186-2015
가. 16mm 이하 4개
나. 16 ~ 28mm 5개
다. 28mm 초과 6개
```

양중기에 사용하는 와이어로프 등 달기구의 안전계수에 대하여 쓰시오.

① 안전계수 : 달기구 절단 하중의 값을 그 달기구에 걸리는 하중의 최대 값으로 나눈 값
= 와이어로프 등의 절단하중 값을 그 와이어로프 등에 걸리는 하중의 최대값으로 나눈 값

 추락방지용 방망의 테두리 로우프 및 달기 로우프는 등속인장시험을 행한 경우 인장강도가 (①) 이상이어야 한다. 방망사의 신품에 대한 인장강도는 다음 표와 같다. 표의 ( )에 적합한 내용을 쓰시오.

방망사의 신품에 대한 인장강도

그물코의 크기	방망의 종류	
	매듭 없는 방망	매듭 방망
10cm	240kg	(②) kg
5cm		(③) kg

① 1,500 ② 200kg ③ 110kg

☑참고 방망사의 폐기 시 인장강도

그물코의 크기	방망의 종류	
	매듭 없는 방망	매듭 방망
10cm	150kg	135kg
5cm		60kg

 추락재해방지 표준안전작업지침에 따른 방망의 구조에 관한 설명에서 (   ) 안에 적합한 내용을 쓰시오.

- 방망은 망, 테두리로프, 달기로프, 시험용사로 구성된다.
- 방망의 소재는 (①) 또는 그 이상의 물리적 성질을 갖는 것이어야 한다.
- 방망의 그물코는 사각 또는 (②)로서 그 크기는 (③)cm 이하이어야 한다.

① 합성섬유 ② 마름모 ③ 10cm

 산업안전보건법령상 작업발판 및 통로의 끝이나 개구부로서 근로자가 추락할 위험이 있는 장소에 사업주가 설치해야 하는 방호 조치 3가지를 쓰시오.

① 안전난간
② 울타리
③ 수직형 추락방망
④ 덮개
⑤ 추락방호망
[산업안전보건기준에 관한 규칙 제43조(개구부 등의 방호조치)]

 추락방호망 설치 시 준수사항 3가지를 쓰시오.

① 추락방호망은 수평으로 설치하고, 망의 처짐은 짧은 변 길이의 12% 이상이 되도록 할 것
② 건축물 등의 바깥쪽으로 설치하는 경우 추락방호망의 내민 길이는 벽면으로부터 3m 이상 되도록 할 것
③ 추락방호망의 설치 위치는 가능하면 작업면으로부터 설치하여야 하며, 작업면으로부터 망의 설치 지점까지의 수직거리는 10m를 초과하지 아니할 것

 다음 [보기]는 낙하물방지망 또는 방호선반 설치 시의 준수사항을 설명하고 있다. ( ) 안에 적합한 내용을 쓰시오.

> [보기]
> 1. 설치 높이는 (①) m 이내마다 설치하고, 내민 길이는 벽면으로부터 (②) m 이상으로 할 것
> 2. 수평면과의 각도는 (③) 도 이상 (④) 도 이하를 유지할 것

① 10m
② 2m
③ 20도
④ 30도

다음 [보기]의 (   ) 안에 적합한 내용을 쓰시오.

[보기]
추락방호망의 그물코는 사각 또는 마름모로서 그 크기는 (   )mm 이하이어야 한다.

① 100mm

작업 중 물체가 떨어지거나 날아올 위험을 방지하기 위한 조치사항 3가지를 쓰시오.

(낙하-비래 위험방지 조치)
① 낙하물 방지망 · 수직보호망 또는 방호선반의 설치
② 출입금지구역의 설정
③ 보호구의 착용

127 비계(달비계 · 달대비계 및 말비계를 제외한다.)의 높이가 2m 이상인 작업 장소에는 작업발판을 설치하여야 한다. 작업발판 설치기준에 관한 다음 (   ) 안에 적합한 내용을 쓰시오.

1. 비계의 높이가 2m 이상인 장소에 설치하는 작업발판의 폭은 (①)cm 이상으로 하고, 발판 재료간의 틈은 (②)cm 이하로 할 것
2. 작업발판재료는 뒤집히거나 떨어지지 아니하도록 (③)개 이상의 지지물에 연결하거나 고정시킬 것

① 40cm
② 3cm
③ 2개

 **높이가 2m 이상인 작업장소에서 작업발판의 설치기준 3가지를 쓰시오.**

① 추락의 위험이 있는 장소에는 안전난간을 설치할 것
② 발판재료는 작업시의 하중을 견딜 수 있도록 견고한 구조로 할 것
③ 작업발판의 지지물은 하중에 의하여 파괴될 우려가 없는 것을 사용할 것
④ 작업발판의 폭은 40cm 이상으로 하고, 발판재료간의 틈은 3cm 이하로 할 것
⑤ 작업발판을 작업에 따라 이동시킬 경우에는 위험 방지에 필요한 조치를 할 것
⑥ 작업발판 재료는 뒤집히거나 떨어지지 않도록 둘 이상의 지지물에 연결하거나 고정시킬 것

 **다음 [보기]는 작업발판의 설치기준에 관한 설명이다. ( ) 안에 적합한 내용을 쓰시오.**

> **[보기]**
> 1. 비계의 높이가 2m 이상인 장소에 설치하는 작업발판의 폭은 (①)cm 이상으로 하고, 발판 재료간의 틈은 (②)cm 이하로 할 것
> 2. 선박 및 보트 건조작업에서 선박블록 또는 엔진실 등의 좁은 작업공간에서 작업발판을 설치하는 경우 작업발판의 폭을 (③)cm 이상으로 할 수 있고, 걸침비계의 경우 발판재료 간의 틈을 3cm 이하로 유지하기 곤란하면 (④)cm 이하로 할 수 있다.
> 3. 작업발판 재료는 뒤집히거나 떨어지지 아니하도록 (⑤)개 이상의 지지물에 연결하거나 고정 시킬 것

① 40cm
② 3cm
③ 30cm
④ 5cm
⑤ 2개

> **참고 | 작업발판 설치기준**
> ① 발판재료 : 작업 시의 하중을 견딜 수 있도록 견고한 것으로 할 것
> ② 발판의 폭 : 40cm 이상으로 하고, 발판 재료간의 틈 : 3cm 이하로 할 것
> ③ 추락의 위험성이 있는 장소에는 안전난간을 설치할 것
> ④ 작업발판의 지지물 : 하중에 의하여 파괴될 우려가 없는 것을 사용할 것
> ⑤ 작업발판 재료는 뒤집히거나 떨어지지 아니하도록 2개 이상의 지지물에 연결하거나 고정시킬 것
> ⑥ 작업에 따라 이동시킬 때에는 위험방지 조치를 할 것
> ⑦ 선박 및 보트 건조작업에서 선박블록 또는 엔진실 등의 좁은 작업공간에 작업발판을 설치하는 경우 : 작업발판의 폭을 90cm 이상으로 하고, 걸침비계의 경우 발판재료 간의 틈을 3cm 이하로 유지하기 곤란하면 5cm 이하로 할 수 있다.

130

작업발판 및 통로의 끝이나 개구부로서 근로자가 추락할 위험이 있는 장소에서 작업할 경우 추락을 방지하기 위한 조치사항 3가지를 쓰시오.

① 안전난간 설치
② 울타리 설치
③ 수직형 추락방망
④ 덮개 설치(덮개를 설치하는 경우에는 뒤집히거나 떨어지지 않도록 설치)

131

안전난간의 구조 및 설치요건에 관한 설명이다. (　　) 안에 적합한 숫자를 쓰시오.

> 1. 상부 난간대는 바닥면·발판 또는 경사로의 표면으로부터 (①)cm 이상 지점에 설치하고, 상부 난간대를 120cm 이하에 설치하는 경우에는 중간 난간대는 상부 난간대와 바닥면 등의 중간에 설치하여야 하며, 120cm 이상 지점에 설치하는 경우에는 중간 난간대를 2단 이상으로 균등하게 설치하고 난간의 상하 간격은 (②)cm 이하가 되도록 할 것
> 2. 발끝막이판은 바닥면 등으로부터 (③)cm 이상의 높이를 유지할 것

① 90cm
② 60cm
③ 10cm

참고 안전난간의 구조 및 설치요건

> 1. 상부 난간대, 중간 난간대, 발끝막이판 및 난간기둥으로 구성할 것
> 2. 상부 난간대는 바닥면·발판 또는 경사로의 표면으로 부터 90cm 이상 지점에 설치하고, 상부 난간대를 120cm 이하에 설치하는 경우에는 중간 난간대는 상부 난간대와 바닥면 등의 중간에 설치하여야 하며, 120cm 이상 지점에 설치하는 경우에는 중간 난간대를 2단 이상으로 균등하게 설치하고, 난간의 상하 간격은 60cm 이하가 되도록 할 것
> 3. 발끝막이판은 바닥면 등으로부터 10cm 이상의 높이를 유지할 것
> 4. 난간기둥은 상부 난간대와 중간 난간대를 견고하게 떠받칠 수 있도록 적정한 간격을 유지할 것
> 5. 상부 난간대와 중간 난간대는 난간 길이 전체에 걸쳐 바닥면 등과 평행을 유지할 것
> 6. 난간대는 지름 2.7cm 이상의 금속제 파이프나 그 이상의 강도가 있는 재료일 것
> 7. 안전난간은 구조적으로 가장 취약한 지점에서 가장 취약한 방향으로 작용하는 100kg 이상의 하중에 견딜 수 있는 튼튼한 구조일 것

다음 [보기]는 계단의 설치기준이다. (　　) 안에 적합한 내용을 쓰시오.

> [보기]
> 1. 1. 계단 및 계단참의 강도는 (①)kg/m² 이상이어야 하며 안전율(안전의 정도를 표시하는 것으로 재료의 파괴응력도와 허용응력도와의 비를 말한다)은 (②) 이상으로 하여야 한다.
> 2. 계단의 폭은 (③)m이상으로 하여야 한다.
> 3. 사업주는 높이가 3m를 초과하는 계단에 높이 3m 이내마다 진행방향으로 길이 (④) m 이상의 계단참을 설치하여야 한다.
> 4. 계단의 바닥면으로부터 높이 (⑤)m 이내의 공간에 장애물이 없도록 하여야 한다.
> 5. 높이 (⑥)m 이상인 계단의 개방된 측면에 안전난간을 설치하여야 한다.

① 500kg/m²
② 4
③ 1m
④ 1.2m
⑤ 2m
⑥ 1m

 가설통로의 구조(설치 시의 준수사항) 5가지를 쓰시오.

① 견고한 구조로 할 것
② 경사는 30도 이하로 할 것
③ 경사가 15도를 초과하는 때는 미끄러지지 아니하는 구조로 할 것
④ 추락의 위험이 있는 장소에는 안전난간을 설치할 것
⑤ 수직갱 · 길이가 15m 이상인 때에는 10m 이내마다 계단참을 설치할 것
⑥ 건설공사에 사용하는 높이 8m 이상인 비계다리에는 7m 이내마다 계단참을 설치할 것

암기법 견/경/경/추

07 토공사 및 굴착공사

134 절토 시 상·하부 동시작업을 부득이한 경우 작업할 때 준수사항 3가지를 쓰시오.

① 부석 제거
② 신호수 및 담당자 배치
③ 견고한 낙하물 방호시설 설치
④ 작업장소에서 불필요한 기계등의 방치금지

135 강관비계 침하 문제점과 방지대책 침하원인 3가지를 쓰시오.

① 밑받침 철물 미사용
② 깔판·깔목 미사용
③ 밑둥잡이 미설치

참고 침하방지대책
① 밑받침 철물 사용
② 깔판·깔목 사용
③ 밑둥잡이 설치

136 흙막이 지보공이 설치되지 않은 곳에서 굴착 경사면 안전 검토사항 3가지를 쓰시오.

① 풍화의 정도
② 용수의 상황
③ 과거의 붕괴된 사례유무
④ 단층, 파쇄대의 방향 및 폭
⑤ 토층의 방향과 경사면의 상호관련성
⑥ 지질조사: 층별 또는 경사면의 구성 토질구조
⑦ 사면붕괴 이론적 분석: 원호활절법, 유한요소법 해석
⑧ 토질시험: 최적함수비, 삼축압축강도, 전단시험, 점착도 등의 시험

 **흙막이 공사를 할 경우 주변 침하원인 3가지를 쓰시오.**

① 흙막이 토류판의 변형
② 지하수위 저하로 토압 변화
③ 세립토사의 유출

 **터널 등의 내부에서 금속 용접·용단 또는 가열작업을 하는 경우에 화재 예방을 위한 조치사항 3가지를 쓰시오.**

① 해당 작업종료 후 불티 등에 의하여 화재가 발생할 위험이 있는지를 확인 할 것
② 해당 작업에 종사하는 근로자에게 소화설비의 설치장소 및 작업방법을 주지시킬 것
③ 부근에 있는 넝마, 나무 부스러기, 그 밖의 인화성 액체를 제거하거나, 그 인화성 액체에 불연성 물질의 덮개를 하거나, 그 작업에 수반하는 불티 등이 날아 흩어지는 것을 방지하기 위한 격벽을 설치할 것

 **터널공사 현장에서 불안전한 행동 및 상태 4가지를 쓰시오.**

① 분진발생
② 지하용수 고임
③ 작업통로 상태불량
④ 복장, 보호구 착용 불량
⑤ 조도 부족으로 발을 헛딛음

 **세륜기를 사용하는 이유를 2가지 쓰시오.**

① 오염물질의 확대나 공기중에 무작위로 발생하는 비산먼지 예방
② 공공도로의 손괴 등 차단

 터널내부에서 분진, 유해가스, 내연기관 배기가스, 수증기 등으로 시계가 확보되지 않을 경우 작업차량에 근로자가 충돌, 협착하는 등의 위험을 방지하기 위하여 조치하여야 할 사항 2가지를 쓰시오.

① 환기
② 살수

 터널 내의 누수로 인한 붕괴위험으로부터 근로자의 안전을 위해 수립하는 배수 및 방수계획의 내용 3가지를 쓰시오.

① 지하수위 및 투수계수에 의한 예상 누수량 산출
② 배수펌프 소요대수 및 용량
③ 배수방식의 선정 및 집수구 설치방식
④ 터널내부 누수개소 조사 및 점검 담당자 선임
⑤ 누수량 집수유도 계획 또는 방수계획
⑥ 굴착상부지반의 채수대 조사

 터널 굴착작업에서 터널 내의 공기오염의 원인 4가지를 쓰시오.

① 작업원 자신의 호흡에 의한 이산화탄소
② 화약의 발파에 의해 발생되는 연기와 가스
③ 공사용 디젤기관차, 덤프트럭 등 배기가스
④ 착암기, 굴착기계, 적재 기계의 사용과 발파에 의하여 비산되는 분진
⑤ 유기물의 부패, 발효에 의하여 발생되는 가스
⑥ 지반으로부터 용출되는 유해가스
⑦ 산소결핍 공기

토석붕괴의 외적원인 4가지를 쓰시오.

① 절토 및 성토 높이의 증가
② 공사에 의한 진동 및 반복 하중의 증가
③ 사면, 법면의 경사 및 기울기의 증가
④ 토사 및 암석의 혼합층 두께
⑤ 지표수 및 지하수의 침투에 의한 토사 중량의 증가
⑥ 지진, 차량, 구조물의 하중작용

암기법 절공사/토지지

> **참고** 토석붕괴의 내적 원인
> ① 절토 사면의 토질ㆍ암질
> ② 성토 사면의 토질 구성 및 분포
> ③ 토석의 강도 저하

한중 및 수중, 바닷물 등 해수공사에 적합한 시멘트의 종류를 쓰시오.

① 한중공사에 적합한 시멘트 : 3종 조강 포클랜드 시멘트
② 해수공사에 적합한 시멘트 : 5종 내황산염 포클랜드 시멘트

굴착면의 높이가 2m 이상이 되는 지반 굴착(터널 및 수직갱 외의 갱 굴착은 제외한다) **작업에 대하여 실시하는 특별교육의 내용 5가지를 쓰시오.**

① 지반의 형태ㆍ구조 및 굴착 요령에 관한 사항
② 지반의 붕괴재해 예방에 관한 사항
③ 붕괴 방지용 구조물 설치 및 작업방법에 관한 사항
④ 보호구의 종류 및 사용에 관한 사항
⑤ 그 밖의 안전ㆍ보건관리에 필요한 사항

147 PS(프리스트레스) 콘크리트에서 응력도입 즉시 응력저하가 발생되는 원인 2가지를 쓰시오.

① 콘크리트의 탄성변형
② PS 강재나 시스(Sheath) 사이의 마찰
③ 정착장치의 활동

> **참고**
> 장기적으로 발생하는 손실
> ① 콘크리트의 Creep
> ② 콘크리트의 건조수축
> ③ PS 강재의 Relaxation

148 PS 콘크리트에서 프리스트레스를 도입 즉시 일어나는 시간적 손실원인 2가지를 쓰시오.

① 정착장치의 활동
② 콘크리트의 탄성수축
③ 콘크리트의 크리프
④ 콘크리트의 건조수축
⑤ 긴장재 응력의 릴랙세이션
⑥ 포스트텐션 긴장재와 덕트 사이의 마찰

149 토공사의 비탈면 보호공법의 종류 4가지를 쓰시오.

① 식물심기 공법
② 뿜어붙이기 공법
③ 블록 공법
④ 돌쌓기 공법
⑤ 낙석 방지망

> **참고**
> 비탈면 보강공법
> ① 말뚝 공법
> ② 앵커 공법
> ③ 옹벽 공법
> ④ 절토 공법
> ⑤ 압성토 공법

 **굴착공사 시에 발생하는 히빙 현상과 보일링 현상을 설명하시오.**

(1) 히빙(Heaving) 현상
① 연질 점토 지반에서 굴착에 의한 흙막이 내·외면의 흙의 중량 차이(토압 차)로 인해 굴착 저면이 부풀어 올라오는 현상을 말한다.
② 흙막이 바깥 흙이 안으로 밀려든다.

(2) 보일링(Boiling) 현상
① 사질토 지반에서 굴착저면과 흙막이 배면과의 수위 차이로 인해 굴착 저면의 흙과 물이 함께 위로 솟구쳐 오르는 현상(모래의 액상화 현상)을 말한다.
② 모래가 액상화되어 솟아오른다.

 **보일링 방지대책 5가지를 쓰시오.**

① 굴착토를 (즉시) 원상태로 매립
② 지하수 흐름 변경 = 흙막이벽 차수성 증대
③ 흙막이벽을 깊게 설치 = 흙막이벽 근입깊이 증가
④ 흙막이벽 배면지반 지하수위 저하 = 굴착저면 아래까지 부변 수위 저하
⑤ 흙막이벽 배면지반 그라우팅 실시

 **히빙 현상의 방지대책 5가지를 쓰시오.**

① 흙막이벽을 깊게 설치 = 흙막이벽 근입깊이 증가
② 웰포인트 공법 병행으로 지하수위 저하
③ 굴착방식을 아일랜드컷 공법 적용
④ 굴착 저면에 토사 등 인공중력을 가중
⑤ 굴착주변 상재하중 제거하여 토압을 감소
⑥ 어스앵커 설치
⑦ 양질의 재료로 지반을 개량(흙의 전단강도를 높게 함)

 **히빙 현상의 발생원인 3가지를 쓰시오.**

① 연약한 점토지반
② 흙막이 내외부 중량 차이
③ 지표재하중 = 굴착배면의 하중
④ 흙막이벽 근입 깊이 부족

 **건설공사 중 파이핑 현상과 보일링 현상을 간략히 설명하시오.**

① 보일링 현상으로 인하여 지반 내에서 물의 통로가 생기면서 흙이 세굴되는 현상
② 사질토 지반에서 굴착저면과 흙막이 배면과의 수위 차이로 인해 굴착 저면의 흙과 물이 함께 위로 솟구쳐 오르는 현상(모래의 액상화 현상)을 말한다.

> **참고**
> 1. 파이핑 현상
>   – 보일링 현상으로 인하여 지반 내에서 물의 통로가 생기면서 흙이 세굴되는 현상
> 2. 히빙 현상
>   – 연질점토 지반에서 굴착에 의한 흙막이 내·외면의 중량(토압) 차이로 인해 굴착 저면이 부풀어 올라오는 현상을 말한다.
>   – 흙막이 바깥 흙이 안으로 밀려든다.
> 3. 히빙 현상 방지책
>   – 양질의 재료로 지반을 개량하다. (흙의 전단강도 높인다)
>   – 어스앵커 설치
>   – 시트파일 등의 근입심도 검토(흙막이 벽체의 근입 깊이를 깊게 한다)
>   – 굴착 주변에 웰포인트 공법을 병행한다.
>   – 소단을 두면서 굴착한다.
>   – 굴착 주변의 상재하중을 제거
>   – 굴착 저면에 토사 등의 인공중력을 가중시킴

 **굴착작업 시에 실시하여야 하는 사전 토질조사 내용 4가지를 쓰시오.**

① 형상·지질 및 지층의 상태
② 균열·함수(含水)·용수 및 동결의 유무 또는 상태
③ 매설물 등의 유무 또는 상태
④ 지반의 지하수위 상태

암기법 형/균/매/지

 **156** 채석작업 시에 작성하여야 하는 작업계획서에 포함하여야 하는 사항 4가지를 쓰시오.

① 노천굴착과 갱내굴착의 구별 및 채석방법
② 굴착면의 높이와 기울기
③ 굴착면의 소단(小段)의 위치와 넓이
④ 갱내에서의 낙반 및 붕괴방지 방법
⑤ 발파방법
⑥ 암석의 분할방법
⑦ 암석의 가공장소
⑧ 사용하는 굴착기계·분할기계·적재기계 또는 운반기계(이하 "굴착기계 등"이라 한다)의 종류 및 성능
⑨ 토석 또는 암석의 적재 및 운반방법과 운반경로
⑩ 표토 또는 용수(湧水)의 처리방법

 **157** 굴착작업 표준 안전작업 지침에 의한 토사붕괴의 예방 조치 5가지를 쓰시오.

① 적절한 경사면의 기울기를 계획하여야 한다.
② 경사면의 기울기가 당초 계획과 차이가 발생되면 즉시 재검토하여 계획을 변경시켜야 한다.
③ 활동할 가능성이 있는 토석은 제거하여야 한다.
④ 경사면의 하단부에 압성토 등 보강공법으로 활동에 대한 저항 대책을 강구하여야 한다.
⑤ 말뚝(강관, H형광, 철근 콘크리트)을 타입하여 지반을 강화시킨다.

 **158** 사업주는 터널 지보공을 설치한 경우에 수시로 점검하여야 하며, 이상을 발견한 경우에는 즉시 보강하거나 보수하여야 한다. 터널 지보공을 설치한 경우의 점검사항 4가지를 쓰시오.

① 부재의 손상·변형·부식·변위 탈락의 유무 및 상태
② 부재의 긴압의 정도
③ 부재의 접속부 및 교차부의 상태
④ 기둥침하의 유무 및 상태

> **참고**
> 흙막이 지보공 설치 시 점검사항 4가지
> ① 부재의 손상·변형·부식·변위 탈락의 유무 및 상태
> ② 부재의 접속부, 부착부 및 교차부의 상태
> ③ 버팀대의 긴압의 정도
> ④ 침하의 유무 및 상태

암기법 › 부/부/부/기

 터널 내에서의 금속의 용접·용단 또는 가열작업을 하는 경우의 화재를 예방하기 위한 조치사항 3가지를 쓰시오.

① 부근에 있는 넝마·나무부스러기·종이부스러기 그 밖의 가연성 물질을 제거하거나 그 가연성 물질에 불연성 물질의 덮개를 하거나 그 작업에 수반하는 불티 등이 날아 흩어지는 것을 방지하기 위한 격벽을 설치할 것
② 해당 작업에 종사하는 근로자에게 소화설비의 설치장소 및 사용방법을 주지시킬 것
③ 해당 작업 종료 후 불티 등에 의하여 화재가 발생할 위험 유무를 확인할 것

 흙의 동결현상 방지책 4가지를 쓰시오.

① 지표의 흙을 화학약품으로 처리한다.
② 흙속에 단열 재료를 삽입한다.
③ 배수구를 설치하여 지하수위를 저하시킨다.
④ 모관수의 상승을 차단하기 위하여 지하수위 상층에 조립토층을 설치한다.
⑤ 동결되지 않은 흙으로 치환한다.

 터널 등의 건설작업에 있어서 낙반 등에 의하여 근로자가 위험해질 우려가 있는 경우에 하여야 하는 위험방지 조치사항 3가지를 쓰시오.

① 터널지보공 설치
② 록볼트의 설치
③ 부석의 제거

 **굴착작업 표준안전작업 지침에 의하여 인력굴착을 하는 경우 일일 준비로서 준수하여야 하는 사항(일일 준비사항) 3가지를 쓰시오.**

① 작업 전에 반드시 작업장소의 불안전한 상태 유무를 점검하고 미비점이 있을 경우 즉시 조치하여야 한다.
② 근로자를 적절히 배치하여야 한다.
③ 사용하는 기기, 공구 등을 근로자에게 확인시켜야 한다.
④ 근로자의 안전모 착용 및 복장상태, 또 추락의 위험이 있는 고소작업자는 안전대를 착용하고 있는가 등을 확인하여야 한다.
⑤ 근로자에게 당일의 작업량, 작업방법을 설명하고, 작업의 단계별 순서와 안전상의 문제점에 대하여 교육하여야 한다.
⑥ 작업장소에 관계자 이외의 자가 출입하지 않도록 하고, 또 위험장소에는 근로자가 접근하지 않도록 출입금지 조치를 하여야 한다.
⑦ 굴착된 흙이 차량으로 운반될 경우 통로를 확보하고 굴착자와 차량 운전자가 상호 연락할 수 있도록 하되, 그 신호는 고용노동부장관이 고시한 크레인작업 표준신호 지침에서 정하는 바에 의한다.

 **굴착공사에서 토사붕괴의 발생을 예방하기 위한 안전점검 사항 5가지를 쓰시오.**

① 전 지표면의 답사
② 경사면의 지층 변화부 상황 확인
③ 부석의 상황 변화의 확인
④ 용수의 발생 유·무 또는 용수량의 변화 확인
⑤ 결빙과 해빙에 대한 상황의 확인
⑥ 각종 경사면 보호공의 변위, 탁락 유무
⑦ 점검시기는 작업 전·중·후, 비온 후, 인접 작업구역에서 발파한 경우에 실시한다.

 **굴착공사 재해방지를 위하여 기본적인 토질에 대한 조사내용 4가지를 쓰시오.**

① 지하수
② 용수
③ 식생
④ 지형
⑤ 지질
⑥ 지층

165 흙막이 공사를 실시할 경우 주변 지반의 침하를 일으키는 원인 3가지를 쓰시오.

① 배수에 의한 토사 유출에 의한 침하
② 배수에 의한 상부 점성토의 압밀 침하
③ 히빙에 의한 주변 지반 침하
④ 토류벽의 변위에 의한 배면토 이동으로 발생하는 침하

166 채석작업 시 작업계획에 포함하여야 할 사항 4가지를 쓰시오.

① 노천 굴착과 갱내 굴착의 구별 및 채석 방법
② 굴착면의 높이와 기울기
③ 굴착면 소단(小段)의 위치와 넓이
④ 갱내에서의 낙반 및 붕괴 방지 방법
⑤ 발파방법
⑥ 암석의 분할방법
⑦ 암석의 가공 장소
⑧ 사용하는 굴착기계ㆍ분할기계ㆍ적재기계 또는 운반기계의 종류 및 성능
⑨ 토석 또는 암석의 적재 및 운반방법과 운반 경로
⑩ 표토 또는 용수(湧水)의 처리방법

167 다음의 굴착면의 기울기 및 높이 기준 중 ( ) 안에 적합한 내용을 쓰시오.

지반의 종류	굴착면의 기울기
모래	(①)
연암 및 풍화암	(②)
경암	(③)
그 밖의 흙	(④)

① 1 : 1.8
② 1 : 1.0
③ 1 : 0.5
④ 1 : 1.2

168 다음 [보기]는 지반의 전단파괴 현상을 설명하고 있다. 올바른 설명을 모두 골라 쓰시오.

[보기]
① 전반 전단파괴 : 흙 전체가 모두 전단 파괴되는 현상을 말한다.
② 국부 전단파괴 : 주로 느슨한 사질토 및 점토 지반에서 발생한다.
③ 펀칭 전단파괴 : 기초 폭에 비하여 근입 깊이가 적을 경우 발생하는 현상이다.
④ 전반 전단파괴 : 주로 굳은 사질토 및 점토 지반에서 발생한다.

①, ②, ④

☑참고 | 펀칭 전단파괴는 대단히 느슨한 모래에 대한 파괴형태를 보이는 경우로, 전반 전단파괴나 국부 전단파괴와 달리 기초 아래에 있는 흙이 가라앉기만 하고 부풀어 오르는 현상은 나타나지 않는다.

169 다음 [보기]는 작업장의 적정 공기수준에 관한 설명이다. ( ) 안에 적합합 내용을 쓰시오.

[보기]
적정공기란 산소농도의 범위가 (①)이상 23.5% 미만, 이산화탄소의 농도가 1.5% 미만, (②)의 농도가 30ppm 미만, (③)의 농도가 10ppm 미만인 공기를 말한다.

① 18%   ② 일산화탄소   ③ 황화수소

170 NATM 터널공사에서 록볼트의 효과 3가지를 적고 그 효과에 대하여 쓰시오.

① 봉합효과 : 암반을 고정하여 부석 및 낙반의 낙하방지
② 내압효과 : 록볼트의 인장력이 터널의 내압으로 작용한다.
③ 보강효과 : 암반의 균열과 절리면에 록볼트를 삽입하여 균열에 따른 지반의 파괴 방지
④ 전단저항 효과 : 전단파괴 방지

171. NATM 공법에서 록볼트의 기능을 3가지 쓰시오.

① 지반봉합 : 지반을 메워준다.
② 보(Beam) 형성 : 보를 형성한다.
③ 내압부여 : 내부에 압력을 부여한다.
④ 암반개량 : 암반전반의 저항력을 증대하고 잔류강대를 강화해 암반전체의 물성을 개선한다.
⑤ 마찰 : 마찰력의 발생으로 지층의 운동을 억제한다.
⑥ 아치 형성 : 아치 형상을 만들어 준다.

172. NATM 공법에 의한 터널작업 시에는 사전에 계측계획을 수립하고 그 계획에 따른 계측을 하여야 한다. 계측계획에 포함하여야 하는 사항 4가지를 쓰시오.

① 측정위치 개소 및 측정의 기능 분류
② 계측 시 소요장비
③ 계측 빈도
④ 계측 결과 분석방법
⑤ 변위 허용치 기준
⑥ 이상 변위 시 조치 및 보강대책
⑦ 계측 전담반 운영계획
⑧ 계측관리 기록 분석 계통 기준 수립

173. NATM 공법의 터널공사에서 지질 및 지층에 관한 조사를 통해 확인할 사항 4가지를 쓰시오.

① 시추(보링)위치
② 토층분포상태
③ 투수계수
④ 지하수위
⑤ 지반의 지지력

 **흙의 연화현상 방지책 2가지를 쓰시오.**

① 동결 부분의 함수량 증가를 방지한다.
② 융해수의 배출을 위한 배수층을 동결깊이 아랫부분에 설치한다.

> **참고** **연화현상**
> 동결된 지반이 융해될 때 흙 속의 물이 배수되지 못하고 과잉 존재하여 지반이 연약화되고 강도가 떨어지는 현상으로 배수불량이 주요 원인이다.

 **폼타이 용도를 쓰시오.**

① 용도 : 벽 등의 콘크리트 시공에서 거푸집의 간격을 일정하게 유지하기 위해서 사용하는 볼트이며 세퍼레이터의 역할도 겸한다.

 **콘크리트 비빔시험의 종류 4가지를 쓰시오.**

① 단위용적질량 시험
② 블리딩 시험
③ 공기량 시험
④ 슬럼프 시험

 **콘크리트 타설시 안전기준 3가지를 쓰시오.**

① 콘크리트를 타설하는 경우에는 편심이 발생하지 않도록 골고루 분산하여 타설할 것
② 당일에 작업을 시작하기 전에 해당 작업에 관한 거푸집 동바리 등의 변형·변위 및 지반의 침하 유무 등을 점검하고 이상이 있으면 보수할 것
③ 콘크리트 타설작업시 거푸집 붕괴의 위험이 발생할 우려가 있으면 충분한 보강조치를 할 것
④ 작업중에는 거푸집동바리 등의 변형·변위 및 침하 유무 등을 감시할 수 있는 감시자를 배치하여 이상이 있으면 작업을 중지하고 근로자를 대피시킬 것
⑤ 설계도서상의 콘크리트 양생기간을 준수하여 거푸집동바리 등을 해체할 것

암기법 **콘당콘작설**

178. 콘크리트 타설 시 거푸집의 측압에 영향을 미치는 요인 3가지를 쓰시오.

① 외기온도
② 습도
③ 타설속도
④ 콘크리트 비중

참고
1. 거푸집 부재 단면이 클수록 측압이 크다.
2. 거푸집 수밀성이 클수록 측압이 크다.
3. 거푸집 강성이 클수록 측압이 크다.
4. 거푸집 표면이 평활할수록 측압이 크다.
5. 시공연도 좋을수록 측압이 크다.
6. 철골 or 철근량이 적을수록 측압이 크다.
7. 외기온도가 낮을수록 측압이 크다.
8. 타설속도가 빠를수록 측압이 크다.
9. 다짐이 좋을수록 측압이 크다.
10. 슬럼프가 클수록 측압이 크다.
11. 콘크리트 비중이 클수록 측압이 크다.
12. 응결시간이 느린 시멘트를 사용할수록 측압이 크다.
13. 습도가 높을수록 측압이 크다.

179. 교량을 건설하는 공법 중 PSM공법과 PGM공법에 대해 쓰시오.

① PSM(Precast Segment Method) 공법 : 일정한 길이의 세그먼트(Segment)를 별도의 제작장에서 제작·운반하여 인양기계를 이용하여 가설한 후 세그먼트를 연결하여 상부구조를 가설하는 공법
② PGM(Precast Girder Method) 공법 : 거더(기둥과 기둥 사이를 잇는 수평부재)를 별도의 제작장에서 제작·운반하여 교량을 가설하는 공법

180. 깊이 10.5m 이상의 굴착작업 시 필요한 계측기기 4가지를 쓰시오.

① 수위계
② 경사계
③ 하중 및 침하계
④ 응력계

181 거푸집 동바리의 조립 또는 해체작업에 대한 특별교육 내용 3가지를 쓰시오.

① 동바리의 조립방법 및 작업 절차에 관한 사항
② 조립 재료의 취급방법 및 설치기준에 관한 사항
③ 조립 해체 시의 사고 예방에 관한 사항
④ 보호구 착용 및 점검에 관한 사항

182 거푸집 동바리의 고정·조립 또는 해체 작업/지반의 굴착작업/흙막이 지보공의 고정·조립 또는 해체 작업/터널의 굴착작업/건물 등의 해체작업 시의 관리감독자의 직무 3가지를 쓰시오.

① 안전한 작업방법을 결정하고 작업을 지휘하는 일
② 재료·기구의 결함 유무를 점검하고 불량품을 제거하는 일
③ 작업 중 안전대 및 안전모 등 보호구 착용 상황을 감시하는 일

183 거푸집 및 지보공(동바리) 시공 시 고려해야할 하중을 구분하고 각각의 종류 2가지씩 쓰시오.

가. 연직방향 하중
　　① 거푸집 및 타설 콘크리트 등에 의한 고정하중
　　② 작업원 및 작업기계 등에 의한 작업하중
　　③ 타설 시의 충격하중
나. 수평방향 하중
　　① 진동, 충격, 시공오차에 의한 횡방향 하중
　　② 풍압, 유수압, 지진등

184 노천 굴착작업 시 비가 올 경우를 대비하여 빗물 등의 침투로 인한 지반의 붕괴 위험 방지 조치사항 2가지를 쓰시오.

① 측구를 설치한다.
② 굴착 사면에 비닐을 덮는다.

185 시설물의 안전관리에 관한 특별법 상 터널 중 1종 시설물에 해당하는 도로터널의 종류 3가지를 쓰시오.

① 연장 1천미터 이상의 터널
② 3차로 이상의 터널
③ 터널구간의 연장이 500미터 이상인 지하차도

186 흙막이 공법의 종류를 지지방식에 의한 분류로 3가지 쓰시오.

① 자립
② 수평 버팀재(strut) = 수평 버팀보
③ 어스앵커(Earth anchor)
④ 소일 네트(Soil Nail)
⑤ 타이로드(Tie Rod)
⑥ 경사고임대(Raker)

> **참고**
> 흙막이 지보공 구조방식
> ① 널말뚝공법
> ② 지하 연속벽 공법
> ③ H-Pile 공법
> ④ SCW(Soil Cement Wall) 공법

187 다음 [보기]의 설명에 해당하는 공법의 명칭을 쓰시오.

[보기]
1. 흙막이벽 등의 배면을 원통형으로 굴착한 후 인장재와 그라우트를 주입시켜 형성한 앵커체에 긴장력을 주어 흙막이벽을 지지하는 공법
2. 지하의 굴착과 병행하여 지상의 지붕, 보 등의 구조물을 축조하며 지하 연속벽을 흙막이 벽으로 하여 굴착하는 공법

① 어스앵커(Earth Anchor)공법
② 탑다운(Top Down) 공법

 흙막이 공법의 종류를 구조 방식에 의한 분류를 쓰시오.

① H pile(엄지말뚝) + 토류판
② 널말뚝(sheet pile) = 강널말뚝
③ CIP(Cast in Place Pile)
④ SCW(Soil Cement Wall)
⑤ 지하연속벽(slurry wall)

 파일(Pile) 타입 시 부마찰력이 잘 생기는 지반을 모두 고르시오.

① 지반이 압밀 집행중인 연약 점토지반일 때
② 지표면 침하에 따른 지하수가 저하되는 지반일 때
③ 사질토가 점성토 위에 놓일 때
④ 점착력 있는 압축성 지반일 때

①, ②, ③

 지반개량 공법 중 사질토 개량공법 2가지를 쓰시오.

① 다짐말뚝공법
② 전기충격 공법
③ 진동다짐 공법 = 바이브로 플로테이션(vibro flotation)
④ 웰포인트 공법 = 지반(지하)수위 저하 공법
⑤ 폭파다짐 공법
⑥ 약액주입 공법

암기법 다전진!/웰폭약!!

 기초지반의 성질을 적극적으로 개량하기 위한 지반개량 공법을 4가지 쓰시오.

① 다짐공법
② 탈수공법
③ 고결안정공법
④ 치환공법
⑤ 재하공법
⑥ 전기화학고결법

192. 토공사용 건설기계에 의한 다짐공법의 종류 3가지를 쓰시오.

① 다짐말뚝 공법
② 전기충격 공법
③ 진동다짐 공법

참고

1. 지반개량공법 중 연약지반 다짐공법의 종류
가. 다짐말뚝공법
나. 진동 다짐 공법
다. 폭파 다짐 공법
라. 전기충력 공법
마. 약액주입 공법
라. 동결다짐 공법

2. 건설기계에 의한 다짐공법

다짐공법의 종류	사용하는 건설기계
진동 다짐	진동롤러, 진동 타이어롤러 등
전압 다짐	로드 롤러, 타이어 롤러, 탬핑 롤러 등
충격식 다짐	래머(Rammer), 탬퍼(Tamper)등

193. 콘크리트 옹벽의 외력에 대한 안전성 검토사항 3가지를 쓰시오.

① 전도에 대한 안정
② 활동에 대한 안정
③ 침하(지반 지지력)에 대한 안정

암기법 전/활/침

194. 콘크리트 옹벽의 종류를 3가지 쓰시오.

① 중력식
② 반중력식
③ 역 T형
④ L형
⑤ 부벽식

 콘크리트 구조물 해체공법 선정 시 고려하여야 할 사항 4가지를 쓰시오.

① 해체 계획작성 및 구조검토 실시 여부
② 해체 공사기간, 예산 및 해체 구조물 주변 현황
③ 소음, 진동, 분진 대책
④ 석면 조사 및 석면 처리 계획
⑤ 건설 폐기물 처리방안 등
⑥ 해체 대상물의 구조
⑦ 해체 대상물의 부재단면 및 높이
⑧ 부지 내 작업용 공지
⑨ 부지 주변이 도로상황 및 환경

 흙(지반)의 동상(frost heaving) 현상의 발생원인 2가지를 쓰시오.

① 흙의 투수성
② 지하수위
③ 동결 온도의 유지기간
④ 모관 상승 고의 크기

 건물 등 해체공법의 종류 5가지를 쓰시오.

① 기계력에 의한 해체공법 : 강구, 핸드 Breaker
② 전도에 의한 해체공법
③ 유압력에 의한 해체공법
④ 화약, 가스, 폭발력에 의한 해체공법
⑤ 제트력에 의한 해체공법
⑥ 정적 파쇄제어에 의한 해체공법

 **198** 콘크리트 파쇄용 화약류 취급 시 준수사항 2가지를 쓰시오.

① 화약류에 의한 발파파쇄 해체시에는 사전에 시험발파에 의한 폭력, 폭속, 진동치 속도 등에 파쇄능력과 진동, 소음의 영향력을 검토하여야 한다.
② 소음, 분진, 진동으로 인한 공해대책, 파편에 대한 예방대책을 수립하여야 한다.
③ 화약류 취급에 관한 법, 총포도검화약류단속법 등 관계법에서 규정하는 바에 의하여 취급하여야 하며 화약 저장소 설치기준을 준수하여야 한다.
④ 시공순서는 화약취급절차에 의한다.

 **199** 현장에서의 화약류 취급 중 화약류 저장소 내의 운반이나 현장 내 소규모 운반을 하는 경우 준수하여야 하는 규정 2가지를 쓰시오.

① 화약류를 갱내 또는 떨어진 발파현장에 운반할 때에는 정해진 포장 및 상자 등을 사용하여 운반하여야 한다.
② 화약, 폭약 및 도폭선과 공업뇌관 또는 전기뇌관은 1인이 동시에 운반하여서는 안된다. 1인에게 운반시킬 때에는 별개용기에 넣어 운반하여야 한다.
③ 전기뇌관을 운반할 때에는 각선이 벗겨지지 않도록 용기에 넣고 건전지 및 타전로의 벗겨진 전기기구를 휴대하지 말아야 하며, 전등선, 동력선 기타 누전의 우려가 있는 것에 접근시키지 말아야 한다.
④ 화약류는 운반하는 자의 체력에 적당하도록 소량을 운반케 하여야 한다.
⑤ 화약류를 운반할 때에는 화기나 전선의 부근을 피하고, 넘어지거나, 떨어트리거나, 부딪히거나 하지 않도록 주의하여야 한다.
⑥ 빈 화약류용기 및 포장 재료는 제조자의 지시에 따라 처분하여야 한다.

08 구조물공사 및 마감공사

200 구조안전의 위험이 큰 다음 각 목의 철골구조물은 건립 중 강풍에 의한 풍압 등 외압에 대한 내력이 설계에 고려되었는지 확인하여야 한다. 외압에 대한 내력이 설계에 고려되었는지 확인하여야 할 대상 5가지를 쓰시오. (자립도 검토대상)

① 높이 20m 이상의 구조물
② 구조물의 폭과 높이의 비가 1 : 4 이상인 구조물
③ 단면 구조에 현저한 차이가 있는 구조물
④ 연면적당 철골량이 50kg/㎡ 이하인 구조물
⑤ 기둥이 타이 플레이트(tie plate) 형인 구조물
⑥ 이음부가 현장용접인 구조물

201 다음 보기의 ( ) 안에 적합한 내용을 쓰시오.

[보기]
순간풍속이 초당 ( ) m를 초과하는 바람이 불어올 우려가 있는 경우 옥외에 설치되어 있는 주행 크레인에 대하여 이탈 방지장치를 가동시키는 등 이탈방지조치를 하여야 한다.

① 30m

참고 악천 후 시 조치
① 순간풍속이 초당 10m를 초과 : 타워크레인의 설치·수리·점검 또는 해체작업을 중지
② 순간풍속이 초당 15m를 초과 : 타워크레인의 운전작업을 중지
③ 순간풍속이 초당 30m를 초과 : 옥외에 설치되어 있는 주행 크레인 이탈방지조치
④ 순간풍속이 초당 30m를 초과하는 바람이 불거나 중진(中震) 이상 진도의 지진이 있은 후 : 옥외 양중기 각 부위 이상 점검
⑤ 순간풍속이 초당 35m를 초과 : 옥외 승강기 및 건설작업용 리프트(지하에 설치되어 있는 것은 제외)에 대하여 받침의 수를 증가시키는 등 승강기가 무너지는 것을 방지하기 위한 조치

202 다음 [보기]는 철골공사에서 작업을 중지하여야 하는 경우를 설명하고 있다. ( ) 안에 적합한 내용을 쓰시오.

[보기]
1. 풍속 : 풍속이 초당 (①)m/s 이상인 경우
2. 강우량 : 강우량이 시간당 (②)mm/hr 이상인 경우
3. 강설량 : 강설량이 시간당 (③)cm/hr 이상인 경우

① 10m/s   ② 1mm/hr   ③ 1cm/hr

203 철골공사 표준안전지침상 철골공사 중 추락방지를 위해 갖추어야할 설비 5가지를 쓰시오.

① 난간, 울타리
② 안전대
③ 수평토로
④ 비계, 달비계
⑤ 추락방지용 방망
⑥ 구명줄
⑦ 안전난간대
⑧ 안전대 부착설비

> 암기법 난안 / 수비추구(안안)

204 다음 [보기]는 사다리식 통로의 구조(설치기준)을 설명하고 있다. (   ) 안에 적합한 내용을 쓰시오.

[보기]
1. 사다리의 상단은 걸쳐놓은 지점으로부터 (①) cm 이상 올라가도록 할 것
2. 사다리식 통로의 길이가 10m 이상인 경우에는 (②) m 이내마다 계단참을 설치할 것
3. 사다리식 통로의 기울기는 (③) 도 이하로 할 것

① 60cm　　　② 5m　　　③ 75도

참고 사다리식 통로의 구조

1. 견고한 구조로 할 것
2. 심한 손상·부식 등이 없는 재료를 사용할 것
3. 발판의 간격은 일정하게 할 것
4. 발판과 벽과의 사이는 15센티미터 이상의 간격을 유지할 것
5. 폭은 30센티미터 이상으로 할 것
6. 사다리가 넘어지거나 미끄러지는 것을 방지하기 위한 조치를 할 것
7. 사다리의 상단은 걸쳐놓은 지점으로부터 60센티미터 이상 올라가도록 할 것
8. 사다리식 통로의 길이가 10미터 이상인 경우에는 5미터 이내마다 계단참을 설치할 것
9. 사다리식 통로의 기울기는 75도 이하로 할 것. 다만, 고정식 사다리식 통로의 기울기는 90도 이하로 하고, 그 높이가 7미터 이상인 경우에는 바닥으로부터 높이가 2.5미터되는 지점부터 등받이울을 설치할 것
10. 접이식 사다리 기둥은 사용 시 접히거나 펼쳐지지 않도록 철물 등을 사용하여 견고하게 조치할 것

 다음은 이동식 사다리를 설치하여 사용함에 있어서 준수할 사항에 대한 설명이다. ( ) 안에 적합한 내용을 쓰시오.

> 가. 길이가 (①)m를 초과해서는 안된다.
> 나. 다리의 벌림은 벽 높이의 (②) 정도가 적당하다.
> 다. 벽면 상부로부터 최소한 (③)cm 이상의 연장길이가 있어야 한다.

① 6m ② 1/4 ③ 60cm

 고소작업대를 사용하는 경우 준수하여야 할 사항을 3가지를 쓰시오.

① 작업자가 안전모·안전대 등의 보호구를 착용하도록 할 것
② 관계자 외의 자가 작업구역 내에 들어오는 것을 방지하기 위하여 필요한 조치를 할 것
③ 안전한 작업을 위하여 적정 수준의 조도를 유지할 것
④ 전로(電路)에 근접하여 작업을 하는 때에는 작업 감시자를 배치하는 등 감전사고를 방지하기 위하여 필요한 조치를 할 것
⑤ 작업대를 정기적으로 점검하고 붐·작업대 등 각 부위의 이상 유무를 확인할 것
⑥ 전환 스위치는 다른 물체를 이용하여 고정하지 말 것
⑦ 작업대는 정격하중을 초과하여 물건을 싣거나 탑승하지 말 것
⑧ 작업대의 붐대를 상승시킨 상태에서 탑승자는 작업대를 벗어나지 말 것

 구축물 또는 이와 유사한 시설물은 안전진단 등 안전성 평가를 하여 근로자에게 미칠 위험성을 미리 제거하여야 한다. 구축물 또는 시설물의 안전성 평가를 실시하여야 하는 경우 3가지를 쓰시오.

① 구축물 또는 이와 유사한 시설물의 인근에서 굴착·항타작업 등으로 침하·균열 등이 발생하여 붕괴의 위험이 예상될 경우
② 구축물 또는 이와 유사한 시설물에 지진, 동해(凍害), 부동침하(불동침하) 등으로 균열·비틀림 등이 발생하였을 경우
③ 구조물, 건축물, 그 밖의 시설물이 그 자체의 무게·적설·풍압 또는 그 밖에 부가되는 하중 등으로 붕괴 등의 위험이 있을 경우
④ 화재 등으로 구축물 또는 이와 유사한 시설물의 내력(耐力)이 심하게 저하되었을 경우
⑤ 오랜 기간 사용하지 아니하던 구축물 또는 이와 유사한 시설물을 재사용하게 되어 안전성을 검토하여야 하는 경우
⑥ 구축물 등의 주요구조부에 대한 설계 및 시공 방법의 전부 또는 일부를 변경하는 경우
⑦ 그 밖의 잠재위험이 예상될 경우

 사업주는 물체를 투하하는 때에는 적당한 투하설비를 설치하거나 감시인을 배치하는 등 위험방지를 위하여 필요한 조치를 하여야 한다. 투하설비를 설치하여야 하는 기준 높이는 얼마인지 쓰시오.

① 3m

> **참고**
> 사업주는 높이가 3미터 이상인 장소로부터 물체를 투하하는 때에는 적당한 투하설비를 설치하거나 감시인을 배치하는 등 위험방지를 위하여 필요한 조치를 하여야 한다.

 인력에 의한 화물 운반 시 준수하여야 하는 사항 2가지를 쓰시오.

① 수평거리 운반을 원칙으로 하며, 여러 번 들어 움직이거나 중계 운반, 반복운반을 하여서는 아니된다.
② 운반 시의 시선은 진행 방향을 향하고 뒷걸음 운반을 하여서는 아니 된다.
③ 쌓여있는 화물을 운반할 때에는 중간 또는 하부에서 뽑아내어서는 아니 된다.
④ 어깨 높이보다 높은 위치에서 화물을 들고 운반하여서는 아니 된다.

210 구조물 해체공법 중 유압기계를 이용하는 해체공법(유압공법)의 종류 2가지를 쓰시오.

① 압쇄 공법(유압 브레이커 공법)
② 잭 공법(유압잭 공법)
③ 유압식 확대기 공법

다음 설명에 해당하는 공법의 명칭을 쓰시오.

[보기]
연약지반의 구조물을 구축할 경우 그 지반에 흙 쌓기 등으로 미리 재하를 하여 압밀침하를 일으켜 안정시킨 후 흙 쌓기를 제거하고 구조물을 축조하는 공법

① 프리로딩(Pre-loading)공법

 철근콘크리트 공사에 사용되는 시멘트(포틀랜드 시멘트)의 품질시험 항목 4가지를 쓰시오.

① 응결시간 시험
② 화학성분 시험
③ 압축강도 시험
④ 안정도 시험
⑤ 분말도 시험

암기법 응! 화압! 안분!

 구조물의 해체공사에 사용하는 해체용 기계기구의 종류 2가지를 쓰시오.

① 압쇄기
② 철제 햄머
③ 핸드 브레이커
④ 대형 브레이커
⑤ 화약류
⑥ 절단(줄)톱
⑦ 잭키
⑧ 화염방사기
⑨ 팽창제
⑩ 쐐기타입기

암기법 압! 철핸! 대화절재

214 사업주는 근로자가 지붕 위에서 작업을 할 때에 추락하거나 넘어질 위험이 있는 경우에는 위험방지 조치를 하여야 한다. ( ) 안에 적합한 내용을 쓰시오.

> 1. 지붕의 가장자리에 안전난간을 설치할 것
> 2. 채광창(skylight)에는 견고한 구조의 (①)를 설치할 것
> 3. 슬레이트 등 강도가 약한 재료로 덮은 지붕에는 폭 (②) 이상의 발판을 설치할 것

① 덮개   ② 30cm 이상

215 철근의 정착방법 2가지를 쓰시오.

① 매입 길이에 의한 방법
② 갈고리에 의한 방법
③ 용접에 의한 방법

참고
> 1. 매입 길이에 의한 방법 : 직선의 철근을 콘크리트 내부에 매입하여 정착
> 2. 갈고리에 의한 방법 : 철근의 끝을 갈고리로 만들어 정착
> 3. 용접에 의한 방법(기계적 정착) : 정착하고자 하는 철근의 횡 방향에 따라 철근을 용접하여 붙이는 방법(T형이 되도록 철근을 용접하여 붙이는 방법)

216 콘크리트 타설 작업을 하기 위하여 콘크리트 플레이싱 붐(placing boom), 콘크리트 분배기, 콘크리트 펌프카 등 콘크리크 타설 장비를 사용하는 경우의 준수사항 3가지를 쓰시오.

① 콘크리트 타설 장비의 붐을 조정하는 경우에는 주변의 전선 등에 의한 위험을 예방하기 위한 적절한 조치를 할 것
② 작업 중에 지반의 침하나 아웃트리거 등 콘크리트 타설 장비 지지구조물의 손상 등에 의하여 콘크리트 타설 장비가 넘어질 우려가 있는 경우에는 이를 방지하기 위한 조치를 할 것
③ 건축물의 난간 등에서 작업하는 근로자가 호스의 요동·선회로 인하여 추락하는 위험을 방지하기 위하여 안전난간 설치 등 필요한 조치를 할 것
④ 작업을 시작하기 전에 콘크리트 타설장비를 점검하고 이상을 발견하였으면 즉시 보수할 것

암기법 콘작건작!

 작업발판 일체형 거푸집의 종류 4가지를 쓰시오.

① 갱 폼(gang form)
② 슬립 폼(slip form)
③ 터널 라이닝 폼(tunnel lininig form)
④ 클라이밍 폼(climbing form)

암기법 ▶ 갱슬터클!

 초음파를 이용한 콘크리트 균열 깊이 평가방법 3가지를 쓰시오.

① Tc – To법   ② T법   ③ BS법

참고
1. Tc–To법 : 균열 선단부를 회절한 초음파의 전달 시간 Tc와 균열이 없는 부분에서 전파 시간 To로부터 균열의 심도를 구하는 방법
2. T법 : 송신자를 고정하고 수신자를 일정 간격으로 이동시킬 때의 균열의 위치에서 불연속 시간 T를 도면상에서 구하여 균열의 심도를 구하는 방법
3. BS법 : 균열의 개구부를 중심으로 발신자와 수신자를 150mm와 300mm 간격으로 배치한 때의 각 전파 시간을 활용하여 균열의 심도를 구하는 방법

 PS(Pre-stressed) 콘크리트 구조의 프레스트레스 도입 "초기" 손실이 발생하는 원인 2가지를 쓰시오.

① 콘크리트의 탄성 수축
② PS강재(포스트 턴셔닝 긴장재)와 덕트(sheath)의 마찰
③ 정착단(정착장치)의 활동(sliding)

참고
PS(Pre-stressed) 콘크리트 구조의 "장기" 손실이 발생하는 원인
1. 콘크리트의 건조수축
2. 콘크리트의 크리프(creep)
3. PS강선(긴장재)의 응력 완화(relxation)

09 건설기계 및 기구

220 권상용 와이어로프의 사용금지 사항 3가지를 쓰시오.

① 꼬인 것
② 지름의 감소가 공칭지름의 7%를 초과하는 것
③ 와이어로프의 한 꼬임에서 끊어진 소선의 수가 10% 이상인 것
④ 열과 전기충격에 의해 손상된 것
⑤ 심하게 변형되거나 부식된 것
⑥ 이음매가 있는 것

암기법 ▶ 꼬지와 / 열심이

221 인양 와이어로프를 제거할 때 준수사항 2가지를 쓰시오.

① 인양 와이어로프를 제거하기 위하여 기둥 위로 올라갈 때 또는 기둥에서 내려올 때는 기둥의 트랩을 이용하여야 한다.
② 인양 와이어로프를 풀어 제거할 때에는 안전대를 사용해야 하며 샤클핀이 빠져 떨어지는 일 등이 발생하지 않도록 주의해야 한다.

222 건설작업용 리프트 사용 시의 유의사항 4가지를 쓰시오.

① 리프트는 가능한 한 전담 운전자를 배치하여 운행토록 한다.
② 리프트를 사용할 때에는 안전성 여부를 안전관계자에게 확인한 후 사용한다.
③ 리프트의 운전자는 조작방법을 충분히 숙지한 후 운행하여야 한다.
④ 운전자는 운행 중 이상음, 진동 등의 발생 여부를 확인하면서 운행한다.
⑤ 출입문이 열린 상태에서의 리프트 사용은 추락 등의 위험이 있으므로 어떠한 경우라도 운행해서는 안 된다.
⑥ 조작반의 임의 조작으로 인한 자동운전은 절대로 하여서는 안된다.
⑦ 리프트의 탑승은 운반구가 정지된 상태에서만 한다.
⑧ 리프트는 과적 또는 탑승인원을 초과하여 운행하지 않도록 한다.
⑨ 리프트 하강 운행 시 승강로 주변에 작업자가 접근하지 않도록 한다.
⑩ 고장수리는 반드시 전문가에게 의뢰하여 실시하여야 한다.
⑪ 리프트 운전자 및 탑승자는 안전모, 안전화 등 개인보호구를 착용하여야 한다.

 **223** 리프트가 붕괴되거나 넘어지는 경우 3가지를 쓰시오.

① 지반침하
② 헐거운 결선
③ 불량한 자재 사용

 **224** 리프트의 작업 시작 전 점검사항 2가지를 쓰시오.

① 방호장치 · 브레이크 및 클러치의 기능
② 와이어로프가 통하고 있는 곳의 상태

> 참고

작업 시작 전 점검사항	
크레인	① 권과방지장치 · 브레이크 · 클러치 및 운전장치의 기능 ② 주행로의 상측 및 트롤리가 횡행(橫行)하는 레일의 상태 ③ 와이어로프가 통하고 있는 곳의 상태
이동식크레인	① 권과방지창치 그 밖의 경보장치의 기능 ② 브레이크 · 클러치 및 '* 조정장치의' 기능 ③ 와이어로프가 통하고 있는 곳 및 작업장소의 지반상태 * 탑승하여 조정하므로, 조정장치라 지칭함
곤돌라	① 방호장치 · 브레이크의 기능 ② 와이어로프 · 슬링와이어 등의 상태

 **225** 트럭크레인 작업시 불안전 요소에 대한 안전대책 3가지를 쓰시오.

① 출입금지 구역을 설정하여 크레인에 전도 사고 발생시 작업자의 안전을 확보한다.
② 붐대를 접지않은 상태로 이동하게 되면 작업자와 충돌 위험이 있으므로 작업지휘자를 배치한다.
③ 연약한 지반에 설치하는 경우 각부 또는 가대의 침하를 방지하기 위하여 깔판 · 깔목 등을 사용한다.

 **226** 이동식 크레인 준수사항 2가지를 쓰시오.

① 화물을 매단체 운전석을 이탈하지 않는다.
② 일정한 신호방법을 정하고 신호수의 신호에 따라 작업한다.
③ 작업 종료 후 크레인에 동력을 차단시키고 정지조치를 확실히 한다.

 크레인 작업 시작 전 점검사항 3가지를 쓰시오.

① 권과방지장치·브레이크·클러치 및 운전장치의 기능
② 주행로의 상측 및 트롤리가 횡행(橫行)하는 레일의 상태
③ 와이어로프가 통하고 있는 곳의 상태

암기법 ▶ 권/주/와

 이동식 크레인의 작업 시작 전 점검사항 3가지를 쓰시오.

① 권과방지장치, 그 밖의 경보장치의 기능
② 브레이크·클러치 및 조정장치의 기능
③ 와이어로프가 통하고 있는 곳 및 작업 장소의 지반상태

암기법 ▶ 권/브/와

 크레인을 사용하여 작업하는 경우 관리감독자의 업무사항 3가지를 쓰시오.

① 작업방법과 근로자 배치를 결정하고 그 작업을 지휘하는 일
② 재료의 결함 유무 또는 기구 및 공구의 기능을 점검하고 불량품을 제거하는 일
③ 작업중 안전대 또는 안전모의 착용 상황을 감시하는 일

 **230** 크레인 관련 다음 ( ) 안에 적합한 내용을 쓰시오.

> 가. 크레인의 권상하중에서 훅, 크래브 또는 버킷 등 달기기구의 중량에 상당하는 하중을 뺀 하중 (①)
> 나. 주행레일 중심 간의 거리 (②)
> 다. 원동장치, 감속장치 및 드럼 등을 일체형으로 조합한 양중장치와 이 양중장치를 사용하여 하물의 권상 및 횡행 또는 권상 동작만을 행하는 크레인 (③)
> 라. 수직면에서 지브 각(angle)의 변화 (④)

① 정격하중 (rated load)
② 스팬 (span)
③ 호이스트 (hoist)
④ 기복 (luffing)

[위험기계기구 안전인증고시 제6조(정의)]

 **231** 불특정 장소에 스스로 이동할 수 있는 크레인으로 동력을 사용하여 중량물을 매달아 상하 및 좌우로 운반하는 설비인 이동식크레인의 종류 3가지를 쓰시오.

① 트럭크레인
② 크롤러 크레인
③ 트럭 탑재형
④ 험지형 크레인
⑤ 전지형 크레인

 **232** 타워 크레인을 사용하여 걸이작업을 하는 경우 준수사항 3가지를 쓰시오.

① 매다는 각도는 60도 이내로 하여야 한다.
② 와이어로프 등은 크레인의 후크 중심에 걸어야 한다.
③ 근로자를 매달린 물체위에 탑승시키지 않아야 한다.
④ 밑에 있는 물체를 걸고자 할 때에는 위의 물체를 제거한 후에 행하여야 한다.

233 산업안전보건법령상 크레인을 사용하여 작업하는 경우 준수사항 3가지를 쓰시오.

① 인양할 하물을 바닥에서 끌어당기거나 밀어내는 작업을 하지 아니할 것
② 고정된 물체를 직접 분리·제거하는 작업을 하지 아니할 것
③ 미리 근로자의 출입을 통제하여 인양 중인 하물이 작업자의 머리 위로 통과하지 않도록 할 것
④ 인양할 하물이 보이지 아니하는 경우는 어떠한 동작도 하지 아니할 것
⑤ 유류드럼이나 가스통 등 운반 도중에 떨어져 폭발하거나 누출될 가능성이 있는 위험물 용기는 보관함에 담아 안전하게 매달아 운반할 것

234 타워크레인 해체 작업 시 주의사항 4가지를 쓰시오.

① 작업순서를 정하고 그 순서에 따라 작업을 할 것
② 들어 올리거나 내리는 기자재는 균형을 유지하면서 작업을 하도록 할 것
③ 규격품인 조립용 볼트를 사용하고 대칭되는 곳을 차례로 결합하고 분해할 것
④ 비, 눈, 그 밖의 기상상태의 불안정으로 날씨가 몹시 나쁜 경우에는 그 작업을 중지시킬 것
⑤ 작업장소는 안전한 작업이 이루어질 수 있도록 충분한 공간을 확보하고 장애물이 없도록 할 것
⑥ 작업을 할 구역에 관계근로자가 아닌 사람의 출입을 금지하고 그 취지를 보기 쉬운 곳에 표시할 것
⑦ 크레인의 성능, 사용조건 등에 따라 충분한 응력을 갖는 구조로 기초를 설치하고 침하 등이 일어나지 않도록 할 것

235 타워크레인의 조립·해체 작업 시 작성하는 작업계획서 작성 항목 4가지를 쓰시오.

① 타워크레인의 종류 및 형식
② (타워크레인)의 지지방법
③ 설치·조립 및 해체순서
④ 작업인원의 구성 및 작업근로자의 역할범위
⑤ 작업도구·장비·가설설비 및 방호설비

암기법 타/타/설/작 (타/지/설/작)

 **236** [보기] 의 ( ) 안에 적합한 용어를 쓰시오.

> **[보기]**
> 이동식크레인의 지브나 붐의 경사각 및 길이에 따라 부하할 수 있는 최대 하중에서 훅, 슬링 등의 달기기구의 중량을 제외한 실제 권상 가능한 하물의 중량을 ( ) 이라 한다.

① 정격하중

 **237** 산업안전보건법에 의하여 크레인을 사용하여 근로자를 운반하거나 근로자를 달아 올린 상태에서 작업에 종사시켜서는 아니 된다. 다만, 크레인에 전용 탑승 설비를 설치하고 추락 위험을 방지하기 위하여 조치를 한 경우에는 그러하지 아니하다. 추락 위험을 방지하기 위하여 할 조치사항 3가지를 쓰시오.

① 탑승설비가 뒤집히거나 떨어지지 않도록 필요한 조치를 할 것
② 탑승설비를 하강시킬 때에는 동력하강방법으로 할 것
③ 안전대나 구명줄을 설치하고, 안전난간을 설치할 수 있는 구조인 경우이면 안전난간을 설치할 것

암기법 탑/탑/안

 **238** 산업안전보건법에 의하여 1톤 이상의 크레인을 사용하는 작업 또는 1톤 미만의 크레인 또는 호이스트를 5대 이상 보유한 사업장에서 해당 기계로 하는 작업에 대하여 실시하여야 하는 특별교육의 내용을 3가지를 쓰시오.

① 방호장치의 종류, 기능 및 취급에 관한 사항
② 걸고리 · 와이어로프 및 비상정지 장치 등의 기계 · 기구 점검에 관한 사항
③ 화물의 취급 및 안전작업방법에 관한 사항
④ 신호방법 및 공동작업에 관한 사항
⑤ 인양 물건의 위험성 및 낙하 · 비래(飛來) · 충돌재해 예방에 관한사항
⑥ 인양물이 적재될 지반의 조건, 인양하중, 풍압 등이 인양물과 타워크레인에 미치는 영향
⑦ 그 밖에 안전 · 보건관리에 필요한 사항

239 산업안전보건법상 양중기에 해당하는 크레인, 리프트, 곤돌라, 승강기에 설치하여야 하는 방호장치 3가지를 쓰시오.

① 권과방지장치
② 과부하방지장치
③ 제동장치
④ 비상정지장치

암기법 권/과/제/비

240 양중기(승강기 제외)를 사용하여 작업하는 운전자 또는 작업자가 보기 쉬운 곳에 부착하여할 내용 2가지를 쓰시오.

① 운전속도
② 경고표시
③ 해당 기계의 작업하중(달기구는 정격하중만)

241 양중기의 와이어로프 등 달기구의 안전계수의 개념을 정의하시오.

안전계수 : 달기구 절단 하중의 값을 그 달기구에 걸리는 하중의 최댓값으로 나눈 값을 말한다.

 다음 설명하는 양중기의 종류를 각각 쓰시오.

> 가. 훅이나 그 밖의 달기구 등을 사용하여 하물을 권상 및 횡행 또는 권상동작만을 하여 양중하는 것
> 나. 달기발판 또는 운반구, 승강장치, 그 밖의 장치 및 이들에 부속된 기계부품에 의하여 구성되고, 와이어로프 또는 달기강선에 의하여 달기발판 또는 운반구가 승강장치에 오르내리는 설비

가. 호이스트
나. 곤돌라

 산업안전보건법에 의한 양중기의 종류 4가지를 쓰시오.
(단, 세부항목을 포함하여 적을 것)

① 크레인([호이스트(hoist)를 포함한다.]
② 이동식 크레인
③ 리프트(이삿짐운반용 리프트의 경우에는 적재하중이 0.1톤 이상인 것으로 한정한다.)
④ 곤돌라
⑤ 승강기

 산업안전보건법에 의한 양중기 중 리프트의 종류 3가지를 쓰시오.

① 건설용 리프트
② 산업용 리프트
③ 자동차정비용 리프트
④ 이삿짐운반용 리프트

참고

리프트의 종류 및 특징	
건설작업용 리프트	동력을 사용하여 가이드레일을 따라 상하로 움직이는 운반구를 매달아 하물을 운반할 수 있는 설비로서 건설현장에서 사용하는 것을 말한다.
자동차정비용 리프트	동력을 사용하여 가이드레일을 따라 움직이는 지지대로 자동차 등을 일정한 높이로 올리거나 내리는 구조의 리프트로서 자동차 정비에 사용하는 것
이삿짐운반용 리프트	연장 및 축소가 가능하고 끝단을 건출물 등에 지지하는 구조의 사다리형 붐에 따라 동력을 사용하여 움직이는 운반구를 매달아 화물을 운반하는 설비로서 화물자동차 등 차량 위에 탑재하여 이삿짐 운반 등에 사용하는 것

245. 산업안전보건법 상의 양중기 중 승강기의 종류 4가지를 쓰시오.

① 승객용 엘리베이터
② 승객화물용 엘리베이터
③ 화물용 엘리베이터
④ 소형화물용 엘리베이터
⑤ 에스컬레이터

참고 승강기의 종류 및 특징

승객용 엘리베이터	사람의 운송에 적합하게 제조·설치된 엘리베이터
승객화물용 엘리베이터	사람의 운송과 화물 운반을 겸용하는데 적합하게 제조·설치된 엘리베이터
화물용 엘리베이터	화물 운반에 적합하게 제조·설치된 엘리베이터로서 조작자 또는 화물 취급자 1명은 탑승할 수 있는 것(적재용량이 300kg 미만인 것은 제외한다)
소형화물용 엘리베이터	음식물이나 서적 등 소형 화물의 운반에 적합하게 제조·설치된 엘리베이터로서 사람의 탑승이 금지된 것
에스컬레이터	일정한 경사로 또는 수평로를 따라 위·아래 또는 옆으로 움직이는 디딤판을 통해 사람이나 화물을 승강장으로 운송시키는 설비

246. 승강기의 설치·조립·수리·점검 또는 해체 작업을 하는 경우 작업지휘자의 이행사항 3가지를 쓰시오.

① 작업방법과 근로자의 배치를 결정하고 해당 작업을 지휘하는 일
② 재료의 결함 유무 또는 기구 및 공구의 기능을 점검하고 불량품을 제거하는 일
③ 작업 중 안전대 등 보호구의 착용 상황을 감시하는 일

참고 리프트 및 승강기의 설치·조립·수리·점검 또는 해체 작업을 하는 경우의 조치

1. 작업을 지휘하는 사람을 선임하여 그 사람의 지휘하에 작업을 실시할 것
2. 작업을 할 구역에 관계 근로자가 아닌 사람의 출입을 금지하고 그 취지를 보기 쉬운 장소에 표시할 것
3. 비, 눈 그 밖의 기상상태의 불안전으로 날씨가 몹시 나쁜 경우에는 그 작업을 중지시킬 것

247. 사업주는 내부에 비상정지장치·조작스위치 등 탑승 조작장치가 설치되어 있지 아니한 리프트 등의 운반구에 근로자를 탑승시켜서는 아니된다. 그러나 탑승이 가능한 경우의 조치를 쓰시오.

① 리프트의 수리·조정 및 점검 등의 작업을 하는 경우로서 그 작업에 종사하는 근로자가 추락할 위험이 없도록 조치를 한 경우

참고
1. 자동차정비용 리프트에 근로자를 탑승시켜서는 아니된다. 다만, 자동차정비용 리프트의 수리·조정 및 점검 등의 작업을 할 때에 그 작업에 종사하는 근로자가 위험해질 우려가 없도록 조치한 경우에는 그러하지 아니하다.
2. 이삿짐운반용 리프트 운반구에 근로자를 탑승시켜서는 아니된다. 다만, 이삿짐운반용 리프트의 수리·조정 및 점검 등의 작업을 할 때에는 그 작업에 종사하는 근로자가 추락할 위험이 없도록 조치한 경우에는 그러하지 아니하다.

 **항타기 작업에서 도괴방지 조치사항 3가지를 쓰시오.**

① 시설 또는 가설물 등에 설치하는 경우에는 그 내력을 확인하고 내력이 부족하면 그 내력을 보강할 것
② 버팀줄만으로 상단부분을 안정시키는 경우에는 버팀줄 3개 이상으로 하고 같은 간격으로 배치할 것
③ 평형추를 사용하여 안정시키는 경우에는 평형추의 이동을 방지하기 위하여 가대에 견고하게 설치할 것
④ 연약한 지반에 설치하는 경우에는 각부나 가대의 침하를 방지하기 위하여 깔판·깔목 등을 사용할 것
⑤ 각부나 가대가 미끄러질 우려가 있는 경우에는 말뚝 또는 쐐기 등을 사용하여 각부나 가대를 고정시킬 것
⑥ 궤도 또는 차로 이동하는 항타기 또는 항발기에 대해서는 불시에 이동하는 것을 방지하기 위하여 레일 클램프 및 쐐기 등으로 고정시킬 것
⑦ 버팀대만으로 상단부분을 안정시키는 경우에는 버팀대는 3개 이상으로 하고 그 하단부분은 견고한 버팀·말뚝 또는 철골 등으로 고정시킬 것

 **항타기, 항발기를 조립하는 경우의 점검 사항 4가지를 쓰시오.**

① 본체의 연결부의 풀림 또는 손상의 유무
② 권상용 와이어로프·드럼 및 도르래의 부착상태의 이상 유무
③ 권상 장치의 브레이크 및 쐐기 장치 기능의 이상 유무
④ 권상기의 설치상태의 이상 유무
⑤ 리더(leader)의 버팀 방법 및 고정상태의 이상 유무
⑥ 본체·부속장치 및 부속품의 강도가 적합한지 여부
⑦ 본체·부속장치 및 부속품에 심한 손상·마모·변형 또는 부식이 있는지 여부

 **백호로 콘크리트 타설시 위험요인 2가지를 쓰시오.**

① 작업장소의 하부 지반의 침하로 인한 백호가 전도되어 협착사고가 발생할 수 있다.
② 백호 버킷 연결부 등이 작업 중 탈락하여 작업자에게 낙하할 위험이 있다.
③ 근로자에게 위험을 미칠 우려가 있는 경우 유도자를 배치하지 않아 위험하다.

251 살수차 운행 목적 2가지를 쓰시오.

① 여름철 도로 냉각 및 청소
② 비산먼지 발생 방지 및 제거

252 스크레이퍼가 할 수 있는 작업의 종류(용도) 3가지를 쓰시오.

① 운반작업
② 채굴작업
③ 성토작업
④ 하역작업
⑤ 지반 고르기 작업

253 불도저의 용도 4가지를 쓰시오.

① 굴착작업
② 운반작업
③ 적재(싣기작업)
④ 지반고르기(지반정지)

254 모터그레이더의 용도 4가지를 쓰시오.

① 정지작업
② 도로정리
③ 땅고르기
④ 측구굴착

255 롤러 표면에 다수의 돌기를 만들어 부착한 것으로 고함수비의 점토질 다짐 및 흙속의 간극 수압 제거에 이용되는 롤러의 명칭을 쓰시오.

① 탬핑 롤러

> **참고**
> 1. 머캐덤 롤러(MACADAM ROLLER) : 삼륜차형을 한 것으로 쇄석기층의 다지기나 아스팔트 포장의 처음 다지기에 이용된다.
> 2. 탠덤 롤러(TANDEM ROLLER) : 2륜형식으로 머캐덤 롤러의 작업 후 마무리 다짐, 아스팔트 포장의 끝마무리용으로 이용된다.
> 3. 타이어 롤러(TIRE ROLLER) : 접지압을 공기압으로 조절할 수 있으며 접지압이 클수록 깊은 다짐이 가능하다.

256 공기압축기 작업 시작 전 점검사항 4가지를 적으시오.

① 윤활유의상태
② 회전부의 덮개 또는 울
③ 압력방출장치의 기능
④ 공기저장 압력용기의 외관상태
⑤ 드레인밸브의 조작 및 배수
⑥ 언로드밸브의 기능

암기법 윤희야 공들어~ (윤회압공드언)

257 앵글 도저와 틸트 도저를 설명하시오.

① 앵글 도저 : 블레이드의 방향이 좌우를 앞, 뒤로 회전시켜 사면굴착·정지·흙메우기 등 흙을 측면으로 밀어내거나 쌓을 수 있는 작업에 적당하다.
② 틸트 도저 : 블레이드의 각도를 상,하로 기울일 수 있어서 다양한 높이의 단단한 흙의 굴착, 얕은 홈파기에 적당하다.

258 굴착기계 중 기계가 서 있는 지반면보다 높은 곳의 땅파기에 적합한 기계의 명칭을 쓰시오.

① 굴착기

> **참고** 파워셔블, 파워쇼벨은 법령에서 사라진 용어

259 굴착기계로 터널 굴착 후 작업계획 포함사항 3가지를 쓰시오.

① 굴착의 방법
② 환기 또는 조명시설을 설치할 때에는 그 방법
③ 터널지보공 및 복공의 시공방법과 용수의 처리 방법
 ※ 공법의 명칭: T.B.M(Tunnel Boring Machine) 공법

260 사다리를 설치하여 사용함에 있어서 바닥과의 미끄럼을 방지하는 안전장치를 부착하여야 한다. 다음의 경우에 적합한 미끄럼 방지장치를 쓰시오.

> (1) 실내용
> (2) 지반이 평판한 맨땅
> (3) 돌마무리 또는 인조석 깔기마감 한 바닥

① 인조고무
② 쐐기형 강스파이크
③ 미끄럼 방지 판자 및 미끄럼 방지 고정쇠

> **참고**
> 사다리를 설치하여 사용함에 있어서 다음 각 호의 사항을 준수하여야 한다.
> 1. 사다리 지주의 끝에 고무, 코르크, 가죽, 강스파이크 등을 부착시켜 바닥과의 미끄럼을 방지하는 안전장치가 있어야 한다.
> 2. 쐐기형 강스파이크는 지반이 평탄한 맨땅 위에 세울 때 사용하여야 한다.
> 3. 미끄럼 방지 판자 및 미끄럼 방지 고정쇠는 돌마무리 또는 인조석 깔기마감을 한 바닥용으로 사용하여야 한다.
> 4. 미끄럼 방지 발판은 인조고무 등으로 마감한 실내용을 사용하여야 한다.

 콘크리트 타설 작업을 하기 위하여 콘크리트 분배기, 콘크리트 펌프카 등 콘크리트 타설장비를 사용하는 경우에 준수해야 하는 사항 3가지를 쓰시오.

① 작업을 시작하기 전에 콘크리트 타설 장비를 점검하고 이상을 발견하였으면 즉시 보수할 것
② 건축물의 난간 등에서 작업하는 근로자가 호스의 요동·선회로 인하여 추락하는 위험을 방지하기 위하여 안전난간 설치 등 필요한 조치를 할 것
③ 콘크리트 타설 장비의 붐을 조정하는 경우에는 주변의 전선 등에 의한 위험을 예방하기 위한 적절한 조치를 할 것
④ 작업 중에 지반의 침하나 아웃트리거 등 콘크리트 타설 장비 지지구조물의 손상 등에 의하여 콘크리트 타설장비가 넘어질 우려가 있는 경우에는 이를 방지하기 위한 적절한 조치를 할 것

 차량계 하역운반기계를 이용한 지주에 의하여 싣거나 내리는 작업 중 차량의 전도 전락 방지대책 2가지를 쓰시오.

① 싣거나 내리는 작업은 평탄하고 견고한 장소에서 할 것
② 발판을 사용하는 경우에는 충분한 길이·폭 및 강도를 가진 것을 사용하고 적당한 경사를 유지하기 위하여 견고하게 설치할 것
③ 가설대 등을 사용하는 경우에는 충분한 폭 및 강도와 적당한 경사를 확보할 것
④ 지정운전자의 성명·연락처 등을 보기 쉬운 곳에 표시하고 지정운전자 외에는 운전하지 않도록 할 것

암기법 싣/발/가/지

 차량계 하역 운반기계 작업에서 운전자가 운전 위치를 이탈 시에 조치하여야 할 사항을 2가지를 쓰시오.

① 포크, 버킷, 디퍼 등의 장치를 가장 낮은 위치 또는 지면에 내려 둘 것
② 기계(원동기)를 정지 시키고 브레이크를 확실히 거는 등 차량계 하역운반기계등, 차량계 건설기계의 갑작스러운 이동을 방지하기 위한 조치를 할 것
③ 운전석을 이탈하는 경우에는 시동키를 운전대에서 분리시킬 것

암기법 포/기/운 or 포/원/운

차량계 건설기계를 사용하여 작업하는 경우 작성하여야 하는 작업계획서의 내용 3가지를 쓰시오.

① 사용하는 차량계 건설기계의 종류 및 성능
② 차량계 건설기계의 운행경로
③ 차량계 건설기계에 의한 작업방법

차량계 하역 운반기계를 이용하여 화물 적재 시에 조치하여야 할 사항 3가지를 쓰시오.

① 하중이 한쪽으로 치우치지 않도록 적재할 것
② 구내 운반차 또는 화물자동차의 경우 화물의 붕괴 또는 낙하에 의한 위험을 방지하기 위하여 화물에 로프를 거는 등 필요한 조치를 할 것
③ 운전자의 시야를 가리지 않도록 화물을 적재할 것
④ 화물을 적재하는 경우에는 최대적재량을 초과해서는 아니된다.

차량계 건설기계의 붐·암 등을 올리고 그 밑에서 수리·점검작업 등을 하는 경우 붐·암 등이 갑자기 내려옴으로써 발생하는 위험을 방지하기 위한 조치사항 2가지를 쓰시오.

① 안전지지대의 사용
② 안전블록의 사용

 도로와 작업장 높이에 차이가 있을 경우 설치하는 방호대책 2가지를 쓰시오.

① 연석
② 바리케이드

 공사용 가설 도로를 설치하는 경우 준수하여야 할 사항 4가지를 쓰시오.

① 도로는 장비와 차량이 안전하게 운행할 수 있도록 견고하게 설치할 것
② 도로와 작업장이 접하여 있을 경우에는 울타리 등을 설치할 것
③ 도로는 배수를 위하여 경사지게 설치하거나 배수시설을 설치할 것
④ 차량의 속도제한 표지를 부착할 것

암기법 도/도/도/차

 회전 날 끝에 다이아몬드 입자를 혼합 경화하여 제조된 절단 톱으로 기둥, 보, 바닥, 벽체를 적당한 크기로 절단하여 해체하는 공법을 사용할 경우 준수하여야 할 사항 3가지를 쓰시오.

① 작업현장은 정리정돈이 잘 되어야 한다.
② 절단기에 사용되는 전기시설과 급수, 배수설비를 수시로 정비 점검하여야 한다.
③ 회전날에는 접촉방지 커버를 부착토록 하여야 한다.
④ 회전날의 조임상태는 안전한지 작업 전에 점검하여야 한다.
⑤ 절단 중 회전날을 냉각시키는 냉각수는 충분한지 점검하고 불꽃이 많이 비산되거나 수증기 등이 발생되면 과열된 것이므로 일시 중단 한 후 작업을 실시하여야 한다.
⑥ 절단 방향은 직선을 기준하여 절단하고 부재중에 철근 등이 있어 절단이 안 될 경우에는 최소단면으로 절단하여야 한다.
⑦ 절단기는 매일 점검하고 정비해 두어야 하며 회전 구조부에는 윤활유를 주유해 두어야 한다.

 **270** 산업안전보건법에 의한 지게차의 작업 시작 전 점검사항 4가지를 쓰시오.

① 제동장치 및 조종장치 기능의 이상 유무
② 하역장치 및 유압장치 기능의 이상 유무
③ 바퀴의 이상 유무
④ 전조등, 후미등, 방향지시기, 경보장치 기능의 이상 유무

암기법 **제 / 하 / 바 / 전**

 **271** 하역 운반기계인 지게차에 설치하여야 하는 방호장치 3가지를 쓰시오.

① 헤드가드
② 백레스트
③ 전조등, 후미등

참고

지게차 방호장치의 설치방법	
헤드가드	① 상부 틀의 각 개구의 폭 또는 길이는 16cm 미만일 것 ② 운전자가 앉아서 조작하거나 서서 조작하는 지게차의 헤드가드는 한국산업표준에서 정하는 높이 기준 이상일 것(좌식 : 0.903m, 입식 : 1.88m)
백레스트	① 외부충격이나 진동 등에 의해 탈락 또는 파손되지 않도록 견고하게 부착할 것 ② 최대하중을 적재한 상태에서 마스트가 뒤쪽으로 경사지더라도 변형 또는 파손이 없을 것
전조등	① 좌우에 1개씩 설치할 것 ② 등광색은 백색으로 할 것 ③ 점등 시 차체의 다른 부분에 의하여 가려지지 아니할 것
후미등	① 지게차 뒷면 양쪽에 설치할 것 ② 등광색은 적색으로 할 것 ③ 지게차 중심선에 대하여 좌우대칭이 되게 설치할 것 ④ 등화의 중심점을 기준으로 외측의 수평각 45도에서 볼 때에 투영면적이 12.5 제곱센티미터 이상일 것

 **272** 고소작업대를 사용하여 작업하는 경우 준수하여야 하는 사항 2가지를 쓰시오.

① 작업자가 안전모·안전대 등의 보호구를 착용하도록 할 것
② 관계자외의 자가 작업구역내에 들어오는 것을 방지하기 위하여 필요한 조치를 할 것
③ 안전한 작업을 위하여 적정수준의 조도를 유지할 것
④ 전로(電路)에 근접하여 작업을 하는 때에는 작업감시자를 배치하는 등 감전 사고를 방지하기 위하여 필요한 조치를 할 것
⑤ 작업대를 정기적으로 점검하고 붐·작업대 등 각 부위의 이상 유무를 확인할 것
⑥ 전환스위치는 다른 물체를 이용하여 고정하지 말 것
⑦ 작업대는 정격하중을 초과하여 물건을 싣거나 탑승하지 말 것
⑧ 작업대의 붐대를 상승시킨 상태에서 탑승자는 작업대를 벗어나지 말 것

 **273** 사업주가 고소작업대를 이동하는 경우 준수하여야 하는 사항 3가지를 쓰시오.

① 작업대를 가장 낮게 하강시킬 것
② 작업대를 상승시킨 상태에서 작업자를 태우고 이동하지 말 것
③ 이동통로의 요철상태 또는 장애물의 유무 등을 확인할 것

 **274** 고소작업대를 사용 시 작업 시작 전, 사업주가 관리감독자로 하여금 점검하도록 해야 할 사항 3가지를 쓰시오.

① 비상정지장치 및 비상하강 방지장치 기능의 이상 유무
② 과부하 방지장치의 작동 유무(와이어로프 또는 체인구동방식의 경우)
③ 아웃트리거 또는 바퀴의 이상 유무
④ 작업면의 기울기 또는 요철 유무
⑤ 활선작업용 장치의 경우 홈·균열·파손 등 그 밖의 손상 유무

 **275** 해체공사의 작업계획서에 포함할 내용 4가지를 쓰시오.

① 해체의 방법 및 해체 순서 도면
② 해체작업용 기계·기구 등의 작업계획서
③ 해체물의 처분계획
④ 사업장 내 연락방법
⑤ 가설설비·방호설비·환기설비 및 살수·방화설비 등의 방법
⑥ 해체작업용 화약류 등의 사용계획서
⑦ 그 밖의 안전·보건에 관련된 사항

암기법 해 / 해 / 해 / 사

 **276** 컨베이어 등을 사용하여 작업을 하는 경우 작업시작 전 점검내용 3가지를 쓰시오.

① 원동기 및 풀리 기능의 이상 유무
② 이탈 등의 방지장치 기능의 이상 유무
③ 비상정지장치 기능의 이상 유무
④ 원동기·회전축·기어 및 풀리 등의 덮개 또는 울 등의 이상 유무

암기법 원 / 이 / 비 / 원

 산업안전보건법에 의하여 자율안전 확인을 받아야 하는 대상 기계·기구 4가지를 쓰시오.

① 자동차 정비용 리프트연삭기 및 연마기(휴대형 제외)
② 연삭기 및 연마기(휴대형 제외)
③ 산업용 로봇
④ 파쇄기 or 분쇄기
⑤ 컨베이어
⑥ 공작기계(선반, 드릴, 평삭, 형삭기, 밀링만 해당)
⑦ 식품가공용 기계(파쇄, 절단, 혼합, 제면기만 해당)
⑧ 혼합기
⑨ 인쇄기
⑩ 고정형 목재가공용 기계(둥근톱, 대패, 루타기, 띠톱, 모떼기 기계만 해당)

암기법 자/연/산/파/컨, 공/식/혼/인(신)/고

 산업안전보건법에 의한 안전검사 대상 유해·위험기계의 종류를 5가지를 쓰시오.

① 프레스
② 전단기
③ 크레인(정격 하중이 2톤 미만인 것 제외)
④ 리프트
⑤ 압력용기
⑥ 롤러기(밀폐형 구조는 제외한다)
⑦ 곤돌라
⑧ 사출성형기[형 체결력(형 체결력) 294킬로 뉴턴(KN) 미만은 제외]
⑨ 고소작업대
⑩ 국소배기장치(이동식은 제외)
⑪ 산업용 로봇
⑫ 원심기(산업용만 해당)
⑬ 컨베이어

10 개인보호구 및 안전보건표지

279 용접작업시 가) 개인 보호구 3가지와 나) 방호장치 를 작성하시오.

가. 개인보호구
　　① 용접용 보안면
　　② 용접용 앞치마
　　③ 용접용 안전화
　　④ 용접용 가죽제 안전장갑
나. 방호장치: 자동전격방지기

280 안전인증 대상에 해당하는 안전모의 종류 3가지를 적고 그 용도를 설명하시오.

① AB종 : 물체의 낙하 또는 비래 및 추락에 의한 위험을 방지 또는 경감시키기 위한 것
② AE종 : 물체의 낙하 또는 비래에 의한 위험을 방지 또는 경감하고, 머리 부위 감전에 의한 위험을 방지하기 위한 것
③ ABE종 : 물체의 낙하 또는 비래 및 추락에 의한 위험을 방지 또는 경감하고, 머리 부위 감전에 의한 위험을 방지하기 위한 것

281 안전인증 대상 안전모의 용어에 관한 설명이다. (　　) 안에 적합한 용어를 쓰시오.

> 1. (①)란 착용자의 머리 부위를 덮는 주된 물체로서 단단하고 매끄럽게 마감된 재료를 말한다.
> 2. (②)란 머리받침끈, 머리고정대 및 머리받침고리로 구성되어 추락 및 감전 위험 방지용 안전모 머리 부위에 고정시켜주며, 안전모에 충격이 가해졌을 때 착용자의 머리 부위에 전해지는 충격을 완화시켜주는 기능을 갖는 부품을 말한다.

① 모체　　　　② 착장제

282 다음표는 방진마스크의 여과재 분진 등 포집효율을 나타내었다. ( ) 안에 적합한 효율을 쓰시오.

형태 및 등급		염화나트륨(NaCl) 및 파라핀 오일(Paraffin oil) 시험(%)
안면부 여과식	특급	(①)
	1급	(②)
	2급	(③)

① 99.0 (%) 이상
② 94.0 (%) 이상
③ 88.0 (%) 이상

참고

형태 및 등급		염화나트륨(NaCl) 및 파라핀 오일(Paraffin oil)시험(%)
분리식	특급	99.95% 이상
	1급	94.0% 이상
	2급	80.0% 이상

283 사업주는 산업안전보건법에서 정하는 작업조건에 적합한 보호구를 동시에 작업하는 근로자의 수 이상으로 지급하고 이를 착용하도록 하여야 한다. 작업조건에 접합한 보호구를 쓰시오.

[보기]	
작업 조건	보호구
물체가 떨어지거나 날아올 위험 또는 근로자가 추락할 위험이 있는 작업	(①)
높이 또는 깊이 2미터 이상의 추락할 위험이 있는 장소에서 하는 작업	(②)
물체의 낙하·충격, 물체에의 끼임, 감전 또는 정전기의 대전(帶電)에 의한 위험이 있는 작업	(③)
물체가 흩날릴 위험이 있는 작업	(④)
용접 시 불꽃이나 물체가 흩날릴 위험이 있는 작업	(⑤)
감전의 위험이 있는 작업	(⑥)

① 안전모
② 안전대
③ 안전화
④ 보안경
⑤ 보안면
⑥ 절연용 보호구

284 안전대의 종류 4가지를 쓰시오.

① 1개 걸이용
② U자 걸이용
③ 추락방지대
④ 안전블록

✓참고

종류	사용구분
벨트식 안전그네식	1개 걸이용
	U자 걸이용
	추락방지대
	안전블록

285 터널공사에서 터널 작업면에 적합한 조도 기준을 쓰시오.

작업 구분	기준
막장 구분	(①) Lux 이상
터널중간 구간	(②) Lux 이상
터널 입출구, 수직구 구간	(③) Lux 이상

① 70Lux 이상　　② 50Lux 이상　　③ 30Lux 이상

286 산업안전보건법에 의한 안전보건표지의 색채 기준을 쓰시오.

색채	색도 기준	용도	사용례
(①)	7.5R 4/14	금지	정지신호, 소화설비 및 그 장소, 유해행위의 금지
		경고	화학물질 취급장소에서의 유해·위험 경고
(②)	5Y 8.5/12	경고	화학물질 취급장소에서의 유해·위험 경고 이외의 위험경고, 주의표지 또는 기계방호물
파란색	(③)	지시	특정 행위의 지시 및 사실의 고지

① 빨간색　　② 노란색　　③ 2.5 PB 4/10

✓참고

색채	색도 기준	용도	사용례
빨간색	7.5R 4/14	금지	정지신호, 소화설비 및 그 장소, 유해행위의 금지
		경고	화학물질 취급장소에서의 유해·위험 경고
노란색	5Y 8.5/12	경고	화학물질 취급장소에서의 유해·위험 경고 이외의 위험 경고, 주의표지 또는 기계방호물
파란색	2.5PB 4/10	지시	특정 행위의 지시 및 사실의 고지
녹색	2.5G 4/10	안내	비상구 및 피난소, 사람 또는 차량의 통행 표지
흰색	N9.5	–	파란색 또는 녹색에 대한 보조색
검은색	N0.5	–	문자 및 빨간색 또는 노란색에 대한 보조색

다음은 안전보건 표지의 종류별 색채 기준을 나타내었다. (   ) 안에 적합한 내용을 쓰시오.

종류	바탕 색채	기본모형 색채
금연	(①)	빨간색
비상용기구	(②)	흰색
안전복착용	(③)	–
폭발성물질 경고	(④)	빨간색

① 흰색   ② 녹색   ③ 파란색   ④ 무색

출입금지 표지 종류 3가지를 서술하시오.

① 허가대상물질 작업장
② 석면취급/해제 작업장
③ 금지대상 물질의 취급 실험실 등

암기법 허 / 석 / 금

☑ 참고

5. 관계자 외 출입금지	501 허가대상물질 작업장	502 석면취급/해제 작업장	503 금지대상물질의 취급 실험실 등
	관계자 외 출입금지 (허가대상 유해 물질명칭) 제조/사용/보관중 (보호구/보호의 착용) (흡연 및 취식금지)	관계자 외 출입금지 석면취급/해제 중 보호구/보호의 착용 흡연 및 취식금지	관계자 외 출입금지 발암물질 취급중 보호구/보호의 착용 흡연 및 취식금지

 산업안전보건법에 의한 [보기]에서 제시하는 안전보건표지의 명칭을 쓰시오.

[보기]

① 보행금지
② 인화성물질 경고
③ 낙하물 경고
④ 녹십자 표지

 산업안전보건법에 의한 [보기]에서 제시하는 안전보건표지의 명칭을 쓰시오.

[보기]

① 사용금지
② 인화성물질 경고
③ 산화성 물질 경고
④ 고압전기 경고

PART 02

계산

001 연평균 100명의 근로자가 근무하는 사업장에서 연간 5건의 재해가 발생하여 사망 1명, 신체장애등급 14급 2명, 가료 30일 1명, 가료 7일 1명이 발생하였다. 강도율을 구하고, 강도율의 의미를 설명하시오.
(단, 1일 8시간, 연간 300일 근무)

$$강도율 = \frac{근로손실일수}{근로총시간수} \times 1,000$$

근로손실일수 = 휴업일수, 요양일수, 입원일수 $\times \dfrac{300(실제근로일수)}{365}$

근로총시간수 = 근로자 수 × 2,400 (근로자 1인의 1년 총 근로시간, 8 × 300)

1. 강도율 = $\dfrac{7,500 + (50 \times 2) + 30 + 7}{100 \times 2,400} \times 1,000 = 31.82$

2. 강도율의 의미
   - 강도율 : 1,000 근로시간당 근로손실일수 비율
   - 강도율 : 31.82 → 1,000 근로시간당 31.82일의 근로손실일수가 발생함을 뜻한다.

참고

신체 장애 등급	근로 손실일 수
사망, 1급, 2급, 3급	7500일
4급	5500일
5급	4000일
6급	3000일
7급	2200일
8급	1500일
9급	1000일
10급	600일
11급	400일
12급	200일
13급	100일
14급	50일

 연평균 200명이 근무하는 사업장에서 사고로 인하여 사망 1건, 휴업일수 50일이 2건, 휴업일수 20일이 1건 발생하였다. 강도율을 계산하시오.
(단, 1일 8시간, 연간 305일 근무)

$$강도율 = \frac{근로손실일수}{근로총시간수} \times 1,000$$

근로손실일수 = 휴업일수, 요양일수, 입원일수 $\times \dfrac{300(실제근로일수)}{365}$

근로총시간수 = 근로자 수 $\times$ 2,440 (근로자 1인의 1년 총 근로시간, 8 $\times$ 305)

신체 장애등급	사망 1,2,3급	4급	5급	6급	7급	8급	9급	10급	11급	12급	13급	14급
손실일수	7,500일	5,500일	4,000일	3,000일	2,200일	1,500일	1,000일	600일	400일	200일	100일	50일

$$강도율 = \frac{7,500 + (50 \times \frac{305}{365} \times 2) + (20 \times \frac{305}{365} \times 1)}{200 \times 305 \times 8} \times 1,000 = 15.57$$

 다음 용어를 설명하시오.

(1) 도수율
(2) 강도율
(3) 휴업재해율

(1) 도수율
가. 100만 근로시간당 재해발생 건수 비율
나. 도수율(빈도율) = $\dfrac{재해\ 건수}{연\ 근로시간\ 수} \times 10^6$

(2) 강도율
가. 1,000 근로시간당 근로손실일수 비율
나. 강도율 = $\dfrac{총\ 요양\ 근로\ 손실\ 일수}{연\ 근로시간\ 수} \times 1,000$

(3) 휴업재해율
가. 임금 근로자수 100명당 발생하는 휴업 재해자수의 비율
나. 휴업 재해율 = $\dfrac{휴업\ 재해자\ 수}{임금\ 근로자\ 수} \times 100$

 어느 사업장의 도수율은 10이고 강도율은 1.2이다. 한사람의 근로자가 입사하여 퇴직할 때까지는 몇 건의 재해와 몇 일간의 근로손실 일수를 가져올 수 있는가?

> 1. 환산 도수율(F)
>   ① 일평생 근로하는 동안의 재해건수를 말한다.
>   ② 환산 도수율 = $\dfrac{재해\ 건수}{연\ 근로시간\ 수}$ × 평생근로시간 수(100,000)
>   ③ 환산 도수율 = $\dfrac{도수율}{10}$
> 2. 환산 강도율(S)
>   ① 일평생 근로하는 동안의 총 요양 근로손실일수를 말한다.
>   ② 환산 강도율 = $\dfrac{총\ 요양\ 근로\ 손실\ 일수}{연\ 근로시간\ 수}$ × 평생근로시간 수(100,000)
>   ③ 환산 강도율 = 강도율 × 100

(1) 한사람의 근로자가 입사하여 퇴직할 때까지의 재해 건수 = 환산 도수율

환산 도수율 = $\dfrac{도수율}{10} = \dfrac{10}{10} = 1$(건)

(2) 한사람의 근로자가 입사하여 퇴직할 때까지의 근로손실 일수 = 환산 강도율

환산 강도율 = 강도율 × 100 = 1.2 × 100 = 120(일)

 평균 근로자수가 300명인 사업장에서 작년 한 해 동안 12건의 재해로 18명의 재해자가 발생하였다. (1) 연천인율을 구하시오, (2) 도수율을 구하시오.
(단, 1일 9시간, 연간 250일 근무)

> (1) 연천인율 = $\dfrac{연간\ 재해자\ 수}{연평균\ 근로자\ 수}$ × 1,000
> (2) 연천인율 = 도수율 × 2.4
> (3) 도수율 = $\dfrac{재해\ 건수}{연\ 근로시간\ 수}$ × 10^6

(1) 연천인율 = $\dfrac{18}{300}$ × 1,000 = 60

(2) 도수율 = $\dfrac{12}{300 \times 9 \times 250}$ × 10^6 = 17.78

근로자 500명이 작업하는 건설현장에서 작년 한해에 12건의 사고로 50일의 근로손실이 생겼다. 도수율을 계산하시오. (단, 1일 9시간, 연 300일 근로함)

(3) 도수율 = $\dfrac{\text{재해 건수}}{\text{연 근로시간 수}} \times 10^6$

도수율 = $\dfrac{12}{500 \times 9 \times 300} \times 10^6 = 8.89$

연천인율 20을 설명하시오.

① 연평균 1,000명의 근로자가 작업하는 동안 20명의 재해자가 발생하였음을 의미한다.

참고

연천인율
① 근로자 1,000명중 재해자수 비율(1년간)
② 연천인율 = $\dfrac{\text{연간 재해자 수}}{\text{연평균 근로자 수}} \times 1,000$
③ 연천인율 = 도수율 × 2.4

근로자 500명이 근무하던 사업장에서 12건의 재해가 발생하여 재해자수가 15명, 600일의 근로손실이 생겼다. 이 사업장의 (1)도수율, (2)강도율, (3)연천인율을 계산하시오. (단, 1일 9시간, 연 270일 근무)

1. 도수율 = $\dfrac{\text{재해 건수}}{\text{근로 총 시간 수}} \times 10^6$
2. 도수율 = $\dfrac{\text{근로 손실 일수}}{\text{근로 총 시간 수}} \times 1,000$
3. 연천인율 = $\dfrac{\text{연간 재해자 수}}{\text{연평균 근로자 수}} \times 1,000$

(1) 도수율 = $\dfrac{12}{500 \times 9 \times 270} \times 10^6 = 9.88$

(2) 강도율 = $\dfrac{600}{500 \times 9 \times 270} \times 1,000 = 0.49$

(3) 연천인율 = $\dfrac{15}{500} \times 1,000 = 30$

009

건설업의 사고사망만인율 ($^0/_{000}$) 계산에서 상시근로자 수를 산출하는 식을 쓰시오.

> 상시 근로자 수 = (연간 국내공사 실적액 × 노무비율) / (건설업 월평균임금 × 12)

참고

건설업의 사고사망만인율

사고사망 만인율 ($^0/_{000}$) = $\dfrac{\text{사고사망자 수}}{\text{상시 근로자 수}}$ × 10,000

010

상시근로자수가 4,000명인 건설현장 작업 중 사고로 인하여 사망자 1명이 발생하였다. 이 사업장의 사고사망 만인율을 계산하시오.

> 건설업체의 산업재해발생률
>
> 다음의 계산식에 따른 사고사망 만인율로 계산하고, 소수점 셋째자리에서 반올림 한다.
>
> 사고사망 만인율 ($^0/_{000}$) = $\dfrac{\text{사고사망자 수}}{\text{상시 근로자 수}}$ × 10,000
>
>  상시 근로자 수 = $\dfrac{\text{연간 국내공사 실적액} \times \text{노무비}}{\text{건설업 월 평균 임금} \times 12}$
>
> 사고사망 만인율 ($^0/_{000}$) = $\dfrac{1}{4,000}$ × 10,000 = 2.50 ($^0/_{000}$)

참고

사망 만인율
- 산재보험적용 근로자 수 10,000명당 발생하는 사망자수의 비율을 말한다.
- 사망만인율 = $\dfrac{\text{사망자 수}}{\text{산재보험적용 근로자 수}}$ × 10,000

 건설업의 사고사망만인율(%ooo) 계산에서 상시근로자 수를 산출하는 식을 쓰시오.

$$1.\ 사고사망만인율(\%_{ooo}) = \frac{(①)}{상시\ 근로자\ 수} \times 10{,}000$$
$$2.\ 상시\ 근로자\ 수 = \frac{(②) \times 노무비율}{(③) \times 12}$$

① 사고 사망자 수
② 연간 국내공사 실적액
③ 건설업 월평균임금

 연평균 근로자수가 600명인 사업장의 안전전담부서에서 6개월간 불안전행동 발견 조치 건수 20건, 불안전상태 조치 건수 34건, 안전홍보 3건, 안전회의 6회, 권고 12건의 안전활동을 펼쳤다. 이 사업장의 안전활동율을 계산하시오.
(단, 1일 9시간, 월 22일 근무하였으며, 6개월간 2건의 사고가 발생함)

$$안전활동율 = \frac{안전활동\ 건수}{근로시간\ 수 \times 평균\ 근로자\ 수} \times 10^6$$
$$안전활동율 = \frac{20+34+3+6+12}{(9 \times 22 \times 6)600} \times 10^6 = 105.22$$

013

다음 [보기]와 같은 조건에서 종합재해지수(FSI)를 계산하시오.

[보기]
근로자 수 500명, 일일 8시간 연간 280일을 근무하는 사업장에서 연간 10건의 재해가 발생하여 159일의 휴업일수가 발생되었다.

1. 종합재해지수
$$FSI = \sqrt{FR \times SR} = \sqrt{도수율 \times 강도율}$$
2. 도수율 $= \dfrac{재해건수}{근로 총 시간 수} \times 10^6$
3. 강도율 $= \dfrac{근로 손실 일수}{근로 총 시간 수} \times 1{,}000$

※ 근로손실일수 = 휴업일수, 요양일수, 입원일수 $\times \dfrac{300(실제\ 근로\ 일수)}{365}$

(1) 도수율 $= \dfrac{10}{500 \times 8 \times 280} \times 10^6 = 8.93$

(2) 강도율 $= \dfrac{159\left(\dfrac{280}{365}\right)}{500 \times 8 \times 280} \times 1{,}000 = 0.11$

(3) 종합재해지수 $= \sqrt{8.93 \times 0.11} = 0.99$

014

상시근로자 500명인 사업장에서 작년 한 해 동안 6건의 재해가 발생하여 휴업일수 103일이 생겼다. 종합재해지수(FSI)를 계산하시오.
(단, 1일 8시간, 1년 280일 근무)

1. 종합재해지수
$$FSI = \sqrt{FR \times SR} = \sqrt{도수율 \times 강도율}$$
2. 도수율 $= \dfrac{재해건수}{근로 총 시간 수} \times 10^6$
3. 강도율 $= \dfrac{근로 손실 일수}{근로 총 시간 수} \times 1{,}000$

※ 근로손실일수 = 휴업일수, 요양일수, 입원일수 $\times \dfrac{280(실제\ 근로\ 일수)}{365}$ 280(실제근로일수)

(1) 도수율 $= \dfrac{6}{500 \times 8 \times 280} \times 10^6 = 5.36$

(2) 강도율 $= \dfrac{103 \times \dfrac{280}{365}}{500 \times 8 \times 280} \times 1{,}000 = 0.07$

(3) 종합재해지수 $= \sqrt{5.36 \times 0.07} = 0.61$

015 다음 [보기]의 건설공사에 적합한 산업안전보건관리비를 주어진 표를 참고하여 계상하시오.

[보기]

터널신설공사, 건설공사의 총 공사원가가 100억원, 재료비와 직접노무비의 합이 60억원인 경우

공사종류 \ 구분	대상액 5억원 미만인 경우 적용비율(%)	대상액 5억원 이상 50억원 미만인 경우		대상액 50억원 이상인 경우 적용비율(%)	보건관리자 선임 대상 건설공사의 적용비율(%)
		적용비율(%)	기초액		
건축공사	3.11%	2.28%	4,325,000원	2.37%	2.64%
중건설공사	3.64%	3.05%	2,975,000원	3.11%	3.39%

1) 터널신설공사 → 중건설공사
2)
> 안전관리비의 계상
> 1. 대상액이 5억원 미만 또는 50억원 이상
>   안전관리비 = 대상액(재료비 + 직접 노무비) × 비율
> 2. 대상액이 5억원 이상 50억원 미만
>   안전관리비 = 대상액(재료비 + 직접 노무비) × 비율 + 기초액

- 대상액=재료비 + 직접 노무비 = 60억원
- 대상액이 50억원 이상이므로
  안전관리비= 대상액(재료비 + 직접 노무비) × 비율
  = 6,000,000,000원 × 0.0311 = 186,600,000원

참고

건설공사의 종류

1. 건축 공사
   - 중건설 공사, 철도 또는 궤도 건설공사, 기계장치공사 이외의 건축 건설, 도로 신설 등 공사와 이에 부대하여 당해 공사를 현장 내에서 행하는 공사
   - 건축물 설비공사
   - 교량 건설공사
2. 토목 공사
   - 토지 기반 공사
3. 중건설 공사
   - 고제방(댐), 수력발전시설, 터널 등을 신설하는 공사
4. 특수 건설 공사
   - 타 공사와 분리 발주되어 시간·장소적으로 독립하여 행하는 다음의 공사
     (타 공사와 병행하여 행하는 경우에는 건축공사)
   - 건설산업 기본법에 의한 준설공사, 조경공사, 택지조성공사(경지정리공사 포함), 포장공사
   - 전기공사업법에 의한 전기공사
   - 정보통신공사업법에 의한 정보통신공사

016 다음 [보기]는 건설공사에 적합한 산업안전보건관리비를 계상하시오.

[보기]
수자원시설공사(댐), 재료비와 직접노무비의 합이 4,500,000,000원인 경우

1) 수자원시설공사(댐)은 중건설공사로 분류 된다.
2)

구분 공사종류	대상액 5억원 미만인 경우 적용비율(%)	대상액 5억원 이상 50억원 미만인 경우		대상액 50억원 이상인 경우 적용비율(%)	보건관리자 선임 대상 건설공사의 적용비율(%)
		적용비율(%)	기초액		
건축공사	3.11%	2.28%	4,325,000원	2.37%	2.64%
토목공사	3.15%	2.53%	3,300,000원	2.60%	2.73%
중건설공사	3.64%	3.05%	2,975,000원	3.11%	3.39%
특수건설공사	2.07%	1.59%	2,450,000원	1.64%	1.78%

3) 안전관리비의 계상

1. 대상액이 5억원 미만 또는 50억원 이상
   안전관리비 = 대상액(재료비 + 직접 노무비) X 비율
2. 대상액이 5억원 이상 50억원 미만
   안전관리비 = 대상액(재료비 + 직접 노무비) X 비율 + 기초액
   – 대상액 = 재료비 + 직접 노무비 = 4,500,000,000원
   – 대상액이 5억원 이상 50억원 미만이므로
     안전관리비 = 대상액(재료비 + 직접 노무비) X 비율 + 기초액
           = 4,500,000,000원 X 0.0305 + 2,975,000원 = 140,225,000원

017 건축공사에 해당하는 공사로서 재료비 2억5천만원, 관급재료비 3억5천만원, 직접노무비 2억원일 경우 산업안전보건관리비를 계상하시오.

> 안전관비리의 계상
> 1. 대상액이 5억원 미만 또는 50억원 이상
>   안전관리비 = 대상액(재료비 + 직접노무비) × 비율
> 2. 대상액이 5억원 이상 50억원 미만
>   안전관리비 = 대상액(재료비 + 직접노무비) × 비율 + 기초액

공사종류 \ 구분	대상액 5억원 미만인 경우 적용비율(%)	대상액 5억원 이상 50억원 미만인 경우 적용비율(%)	대상액 5억원 이상 50억원 미만인 경우 기초액	대상액 50억원 이상인 경우 적용비율(%)	보건관리자 선임 대상 건설공사의 적용비율(%)
건축공사	3.11%	2.28%	4,325,000원	2.37%	2.64%
토목공사	3.15%	2.53%	3,300,000원	2.60%	2.73%
중건설공사	3.64%	3.05%	2,975,000원	3.11%	3.39%
특수건설공사	2.07%	1.59%	2,450,000원	1.64%	1.78%

1). 관급재료비를 포함할 경우
 - 대상액 = 2억5천만원 + 3억5천만원 + 2억 = 8억원
   (대상액이 5억원 이상 50억원 미만에 해당)
 - 안전관리비 = 대상액(재료비 + 직접노무비) × 비율 + 기초액
             = (2억5천만원 + 3억5천만원 + 2억원) × 0.0228 + 4,325,000
             = 22,565,000원

2). 관급재료비를 포함하지 않을 경우
 - 대상액 = 2억5천만원 + 2억원 = 4억5천만원(대상액이 5억원 미만에 해당)
 - 안전관리비 = 대상액(재료비 + 직접노무비) × 비율
             = 2억5천만원 + 2억원 × 0.0311 = 13,995,000
             13,995,000 × 1.2 = 16,794,000원

3). 1, 2 중 작은 값이 안전관리비가 된다.
    산업안전보건관리비 = 16,794,000원

참고
1. 안전관리비 대상액 이란 공사원가계산서 구성항목 중 직접재료비, 간접재료비와 직접노무비를 합한 금액(발주자가 재료를 제공할 경우에는 해당 재료비를 포함한다)을 말한다.
2. 발주자가 재료를 제공하거나 물품이 완제품의 형태로 제작 또는 납품되어 설치되는 경우에 해당 재료비 또는 완제품의 가액을 대상으로 포함시킬 경우의 안전관리비는 해당 재료비 또는 완제품의 가액을 포함시키지 않은 대상액을 기준으로 계상한 안전관리비의 1.2배를 초과할 수 없다.
   (발주자의 재료비 포함 안전관리비 ≤ 발주자의 재료비 제외한 안전관리비 × 1.2)

018 건축공사에서 직접재료비 210억원이고, 관급재료비 90억원원, 직접노무비 190억원일 때 안전관리비를 계산하시오.

> 대상액이 50억원 이상
>
> 안전관리비 = 대상액(재료비 + 직접 노무비) × 비율 + 기초액
>   = (210억원 + 90억원 + 190억원) × 2.37% = 1,161,300,000원
> 사업주가 재료를 제공하는 경우 해당 재료비를 포함 시키지 않은 대상액을 기준으로 계상한 안전관리비의 1.2배를 초과할 수 없다.
>
> 안전관리비 계상액 = ((210억원 + 190억원) × 2.37%) × 1.2 = 1,137,600,000원

참고

공사종류 \ 구분	대상액 5억원 미만인 경우 적용비율(%)	대상액 5억원 이상 50억원 미만인 경우		대상액 50억원 이상인 경우 적용비율(%)	보건관리자 선임 대상 건설공사의 적용비율(%)
		적용비율(%)	기초액		
건축공사	3.11%	2.28%	4,325,000원	2.37%	2.64%
토목공사	3.15%	2.53%	3,300,000원	2.60%	2.73%
중건설공사	3.64%	3.05%	2,975,000원	3.11%	3.39%
특수건설공사	2.07%	1.59%	2,450,000원	1.64%	1.78%

 작년 한 사업장의 총 산업재해보상보험 보상액이 214,730,693,000원 이었다. 하인리히 방식을 이용하여 (①) 총 손실비용 (②) 직접 손실비용, (③) 간접 손실비용을 계산 하시오.

(1) 총 손실비용
  하인리히의 총 재해비용 = 직접비 + 간접비
                    (1 : 4)
  = 214,730,693,000 + (4×214,730,693,000) = 1,073,653,465,000원

(2) 직접 손실비용 = 214,730,693,000원(산업재해보상보험 보상액)

(3) 간접 손실비용 = 4 × 214,730,693,000 = 858,922,772,000원

 400명의 근로자가 1일 8시간, 연간 300일 근무하는 사업장에서 과거 빈도율 120, 현재 빈도율이 100일 경우 Safe-T-Score(세이프 티 스코어)를 계산하고 안전의 심각성 여부를 판정 하시오.

$$\text{Safe-T-Score} = \frac{\text{현재빈도율} - \text{과거빈도율}}{\sqrt{\dfrac{\text{과거빈도율}}{\text{현재 총 근로시간수}} \times 1{,}000{,}000}}$$

1. $\text{Safe-T-Score} = \dfrac{100 - 120}{\sqrt{\dfrac{120}{400 \times 8 \times 300} \times 1{,}000{,}000}} = -1.79$

2. 판정 : 과거와 큰 차이 없다.

참고 판정기준
1. 계산 값이 -2 이하 : 과거보다 안전이 좋아졌다.
2. 계산 값이 -2 ~ +2 사이 : 과거와 큰 차이 없다.
3. 계산 값이 +2 이상 : 과거보다 안전이 심각하게 나빠졌다.

안전·보건 표지

금지표시

출입금지	보행금지	차량통행금지	사용금지	탑승금지

금연	화기금지	물체이동금지		

경고표시

인화성물질 경고	산화성물질 경고	폭발성물질 경고	급성독성물질 경고	부식성물질 경고

방사성물질 경고	고압전기 경고	매달린 물체 경고	낙하물 경고	고온 경고
				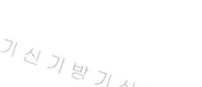
저온 경고	몸균형 상실 경고	레이저광선 경고	발암성·변이원성·생식독성·전신독성·호흡기 과민성 물질 경고	위험장소 경고
			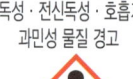	

지시표시

보안경 착용	방독마스크 착용	방진마스크 착용	보안면 착용	안전모 착용

귀마개 착용	안전화 착용	안전장갑 착용	안전복 착용	

안내표시

녹십자표지	응급구호표지	들것	세안장치	비상용기구

비상구	좌측비상구	우측비상구		

PART 03

작업형

01 | 거푸집·콘크리트·철근 _ 1 ~ 18번
02 | 건설일반 _ 19 ~ 48번
03 | 건설장비 _ 49 ~ 72번
04 | 굴착·흙막이 _ 73 ~ 93번
05 | 교량·터널 _ 94 ~ 107번
06 | 낙하·추락 _ 108 ~ 124번
07 | 도로·통로 _ 125 ~ 135번
08 | 밀폐 _ 136 ~ 141번
09 | 보호구·방호장치·와이어로프 _ 142 ~ 150번
10 | 비계·동바리·철골 _ 151 ~ 184번
11 | 용접 _ 185 ~ 188번
12 | 전기·감전 _ 189 ~ 199번
13 | 장약·채석 _ 200 ~ 203번

 ## 거푸집·콘크리트·철근

영상에서는 거푸집을 단순화 및 대형화하여 조립·분해가 크게 필요 없는 아파트 외부 벽체 거푸집이 보인다.

> 1) 거푸집 명칭
> 2) 콘크리트 측압에 영향을 주는 요인 2가지
> 3) 해당 거푸집 장점

1) 갱폼
2) 콘크리트 측압 요인
    ① 외기온도
    ② 습도
    ③ 타설속도
    ④ 콘크리트 비중
3) 장점
    ① 타워크레인 등 건설 장비로 쉽게 설치 가능
    ② 공기 단축과 인건비 절약
    ③ 가설비계 공사 생략 가능
    ④ 미장공사 생략 가능

거푸집·콘크리트·철근

영상은 거푸집 동바리 조립 영상이다. 영상을 보고 아래 빈 칸을 채우시오.

1) (①)이나 (②)의 사용, 콘크리트 타설, 말뚝박기 등 동바리의 침하를 방지하기 위한 조치를 할 것
2) 강재와 강재와의 접속부 및 교차부는 (③)·(④) 등 전용 철물을 사용하여 단단히 연결할 것
3) 동바리로 사용하는 파이프 서포트의 경우 높이가 (⑤) m를 초과하는 경우에는 높이 (⑥) m 이내마다 수평연결재를 2개 방향으로 만들고 수평연결재의변위를 방지할 것

① 받침목
② 깔판
③ 볼트
④ 클램프
⑤ 3.5m
⑥ 2m

003-004 거푸집

003 거푸집·콘크리트·철근

거푸집 동바리 설치 작업 시 동바리 위치가 불량하고 수평연결재가 설치되지 않았거나 파손 또는 변형된 모습을 보여주더니 결국 거푸지 동바리가 붕괴되는 모습이 화면에 나타난다.

> 동바리 침하 방지 예방 조치사항 3가지

1) 받침목이나 깔판 사용
2) 콘크리트 타설
3) 말뚝박기
4) 동바리 상하 고정 및 미끄럼 방지 조치
5) 동바리 이음은 같은 품질의 재료를 사용
6) 개구부 상부 동바리 설치 시 상부 하중을 견딜 수 있는 견고한 받침대 설치

004 거푸집·콘크리트·철근

> 영상에서 확인 된 거푸집 동바리의 설치상태 문제점 3가지

1) 동바리의 위치 불량
2) 수평연결재 미설치
3) 상태불량(변형, 파손) 자재 사용

암기TIP 동수똥(변)!

005 거푸집·콘크리트·철근

경사진 계단 거푸집 동바리 설치 장면이다.

거푸집 및 동바리 안전조치사항 2가지

1) 동바리의 상하 고정 및 미끄러짐 방지 조치를 하고, 하중의 지지상태를 유지할 것
2) 동바리의 이음은 맞댄이음이나 장부이음으로 하고 같은 품질의 재료를 사용할 것
3) 거푸집이 곡면인 경우에는 버팀대의 부착 등 거푸집의 부상을 방지하기 위한 조치를 할 것
4) 깔목의 사용, 콘크리트 타설, 말뚝박기 등 동바리의 침하를 방지하기 위한 조치를 할 것
5) 강재와 강재의 접속부 및 교차부는 볼트·클램프 등 전용철물을 사용하여 단단히 연결할 것
6) 개구부 상부에 동바리를 설치하는 경우에는 상부하중을 견딜 수 있는 견고한 받침대를 설치할 것

 ## 거푸집·콘크리트·철근

영상에서는 동바리로 사용하는 파이프 서포트가 보인다.

파이프 서포트(받침) 조립 시 준수사항 3가지

1) 파이프 서포트를 3개 이상 이어서 사용하지 않도록 할 것
2) 파이프 서포트를 이어서 사용하는 경우에는 4개 이상의 볼트 또는 전용철물을 사용하여 이을 것
3) 높이가 3.5미터를 초과하는 경우에는 2미터 이내마다 수평연결재를 2개 방향으로 만들고 수평연결재의 변위를 방지할 것

거푸집·콘크리트·철근

거푸집 동바리 설치 작업이 화면에 나온다.

> 다음 부재 명칭 3가지
>
> 1) 가로로 일정한 간격을 두고 설치
> 2) 1)의 그 위에 세로로 역시 일정한 간격으로 설치된 부재로 지붕, 바닥, 마루널 등을 받기 위해 설치
> 3) 1)과 2)의 가로, 세로로 된 부재의 조합을 받치고 있는 기둥과 그 기둥을 가로 또는 대각선으로 연결한 부재로 상부 하중을 하부로 전달하는 압축 부재

1) 멍에
2) 장선
3) 거푸집 동바리(서포트)

008 거푸집 · 콘크리트 · 철근

화면에서는 거푸집의 조임 기구로서 거푸집 간의 간격 유지를 위해 전용 철물 자재를 연결하는 모습이 나온다.

> 거푸집 설치 시 사용하는 연결 철물의 명칭과 기능

1) 거푸집 긴결재(폼타이)
2) 기능
   ① 거푸집 형상 유지(변형 방지)
   ② 측압에 의한 벌어짐 방지

009 거푸집 · 콘크리트 · 철근

거푸집 설치 현장이다.

> 거푸집 설치 시 콘크리트 하중이나 외력에 견딜 수 있도록 필요한 조치 2가지

1) 거푸집 긴결재(폼타이)
2) 지지대
3) 버팀대

거푸집·콘크리트·철근

교각 공사 현장이 보인다.

> 영상에 나타난 교각 거푸집 공사 명칭과 장점 2가지

1) 명칭 : 슬라이딩 폼(슬립폼)
2) 장점
    ① 빠른 시공 속도(공기단축 가능)
    ② 시공이음 없이 균일한 형상으로 시공 가능
    ③ 연속시공으로 양생기간 불필요

거푸집·콘크리트·철근

별도의 양중기(타워크레인 등) 없이 자체 인양시스템(유압장치 등)을 이용, 거푸집 자체를 인양하여 벽체를 시공하는 이른바 오토클라이밍폼 작업 현장이다.

[보기] 작업순서에 맞게 번호를 나열

1) 오토클라이밍 폼으로 교각시공
2) 측경간 시공
3) 중앙 Key segment
4) 중앙 박스 타설(Key segment 연결 전)
5) 상부타설 시작
6) 상부타설 진행

[정답 순서]
1) 오토클라이밍 폼으로 교각시공
5) 상부타설 시작
6) 상부타설 진행
2) 측경간 시공
4) 중앙 박스 타설(Key segment 연결 전)
3) 중앙 Key segment

 ## 거푸집·콘크리트·철근

철근 콘크리트 구조의 구조부재에 설치 된 철근의 설치 모습을 보여주고 있다. 축방향과 수직으로 설치 된 철근을 근접으로 화면이 확대된다.

1) 기초에서 주철근에 가로로 들어가는 철근의 역할
2) 기둥에서 전단력에 저항하는 철근의 이름

1) 주철근 구속으로 인한 좌굴방지
2) 띠철근

013 - 015
거푸집 콘크리트 철근

013 **거푸집·콘크리트·철근**

콘크리트 타설 진행 과정이다. 타설 중 작업발판이나 난간, 방호망 등 어떠한 안전대책도 보이지 않으며, 심지어 작업자의 안전모 턱끈 착용상태는 불량하다.

콘크리트 타설 작업 시 준수사항 3가지

1) 콘크리트를 타설하는 경우에는 편심이 발생하지 않도록 골고루 분산하여 타설할 것
2) 작업을 시작하기 전에 해당 작업에 관한 거푸집동바리 등의 변형·변위 및 지반의 침하 유무 등을 점검하고 이상이 있으면 보수할 것
3) 작업 중에는 거푸집 동바리등의 변형·변위 및 침하 유무 등을 감시할 수 있는 감시자를 배치 하여 이상이 있으면 작업을 중지하고 근로자를 대피시킬 것
4) 콘크리트 타설작업 시 거푸집 붕괴의 위험이 발생 할 우려가 있으면 충분한 보강조치를 할 것
5) 설계도서상의 콘크리트 양생기간을 준수하여 거푸집 동바리등을 해체할 것

암기TIP **콘당콘작설**

거푸집·콘크리트·철근

교량 상부에서 펌프카를 이용한 콘크리트 타설 작업이 진행 중이며, 신호수가 신호를 적절히 부여하고 있다.

콘크리트 타설장비 사용시 준수사항 3가지

1) 콘크리트타설장비의 붐을 조정하는 경우에는 주변의 전선 등에 의한 위험을 예방하기 위한 적절한 조치를 할 것
2) 작업 중에 지반의 침하나 아웃트리거 등 콘크리트타설장비 지지구조물의 손상 등에 의하여 콘크리트타설장비가 넘어질 우려가 있는 경우에는 이를 방지하기 위한 적절한 조치를 할 것
3) 건축물의 난간 등에서 작업하는 근로자가 호스의 요동·선회로 인하여 추락하는 위험을 방지하기 위하여 안전난간 설치 등 필요한 조치를 할 것
4) 작업을 시작하기 전에 콘크리트타설장비를 점검하고 이상을 발견하였으면 즉시 보수할 것

암기TIP 콘작건작

거푸집·콘크리트·철근

콘크리트 양생 기간을 유지하기 위한 거푸집 존치기간 관련 (　　)를 채우시오.

구분	조강포틀랜트시멘트	보통포틀랜트시멘트
20℃ 이상	(①)	4일
10~20℃	3일	(②)

구분	조강포틀랜트시멘트	보통포틀랜트시멘트
20℃ 이상	(① 2일)	4일
10~20℃	3일	(② 6일)

거푸집·콘크리트·철근

영상에서는 프리캐스트 콘크리트 작업과정이 보인다.

1) 아래 보기를 제작 순서에 맞게 배열
   ① 탈형
   ② 거푸집 제작(박지제도포)
   ③ 철근 배근 및 조립
   ④ 수중양생
   ⑤ 콘크리트 타설
   ⑥ 선 부착품 설치(인서트, 전기부품 등)- 철근 거치

2) 네번째 화면의 작업이름

1) 순서
   ② 거푸집 제작(박지제도포)
   ⑥ 선 부착품 설치(인서트, 전기부품 등)- 철근 거치
   ③ 철근 배근 및 조립
   ④ 수중양생
   ⑤ 콘크리트 타설
   ① 탈형

2) 네번째 화면의 작업이름 : 수중양생

 ## 거푸집·콘크리트·철근

벽, 바닥 구성 콘크리트 부재인 프리캐스트 콘크리트 제작 과정이 화면에 보인다.

프리캐스트(PC : Precast Concreate) 콘크리트 공법의 장점 3가지

1) 양질의 부재를 경제적으로 생산가능
2) 기계화 작업으로 공기단축 가능
3) 기상과 관계없이 작업이 가능, 특히 한냉기의 시공 시 유리

 ## 거푸집·콘크리트·철근

백호(굴착기)를 이용한 콘크리트 타설작업이 진행중이다. 백호 위치가 불안정한 지반 위에 있으며, 백호의 버킷 바로 아래 작업자 2명이 아무런 위험을 감지하지 못한 상태에서 작업을 하고 있다 주변에는 그 어떤 신호수나 감시자가 없다.

영상에서 확인할 수 있는 위험요인 3가지

1) 작업장소의 하부지반 침하로 백호가 넘어지거나 협착사고 발생 가능
2) 백호 버킷 연결부의 작업 중 탈락 가능 등 버킷 위험이 있으나 작업자가 버킷 아래에서 작업 중
3) 작업자가 위험한 상황에 놓여 있음에도 유도자나 신호수, 감시자 등 배치하지 않음

019 건설일반

작업장 옆 도로를 빨간 라바콘으로 구분해 놓은 모습이 보인다.

도로 경계면 부근에 안전을 위한 조치사항 2가지

1) 연석으로 구분   2) 방호 울타리 설치

020 건설일반

대형 건설 차량들이 바삐 움직이고 있는 건설 현장이다. 콘크리트 믹서 트럭이 줄지어 이동을 하고 있는 모습이 보인다. 다음 빈칸을 채우시오.

"해당 작업, 작업장의 지형/지반 및 지층 상태 등에 대한(①)를 하고, 그 결과를 기록·보전해야 하며, 조사결과를 고려하여 (②)를 작성하고 그 계획에 따라 작업을 하도록 하여야 한다."

① 사전조사   ② 작업계획서

021 건설일반

콘크리 구조물을 파쇄 하는 압쇄기가 등장하며, 건물해체 작업이 진행되고 있다.

1) 해체공법 명칭
2) 해체계획 포함 사항 2가지 작성

1) 명칭 : 압쇄공법
2) 해체계획 포함 사항
　① 해체의 방법 및 해체 순서도면
　② 해체작업용 기계·기구 등의 작업계획서
　③ 해체물의 처분계획
　④ 사업장 내 연락방법
　⑤ 가설설비·방호설비·환기설비 및 살수·방화설비 등의 방법
　⑥ 해체작업용 화약류 등의 사용계획서
　⑦ 그 밖의 안전·보건에 관련된 사항

암기TIP 해/해/해/사

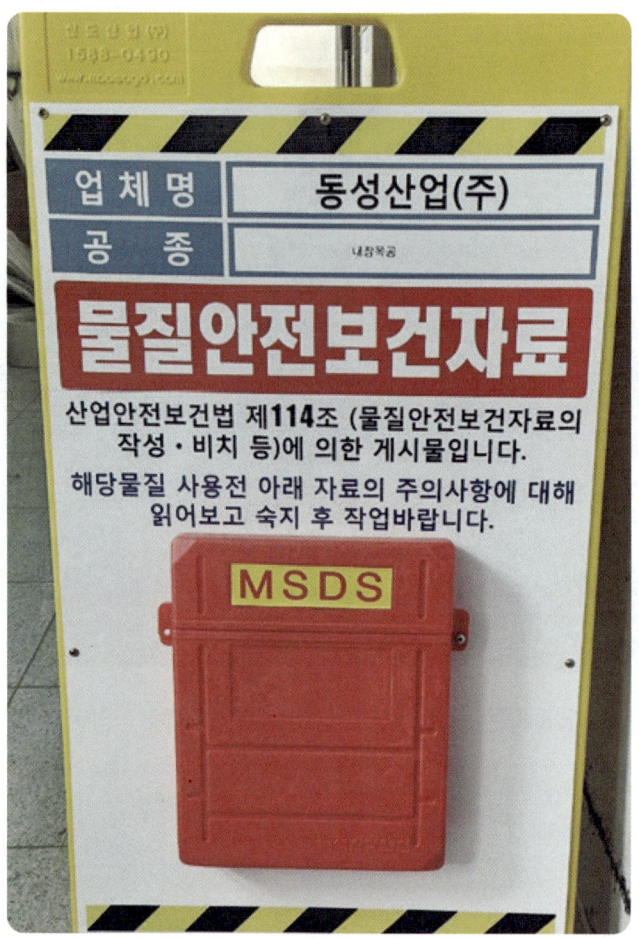

산업안전보건법령상 사업주가 근로자에게 보기 쉬운 곳에 물질안전보건자료대상 물질의 관리 요령을 게시할 사항 4가지

1) 관리대상 유해물질의 명칭
2) 인체에 미치는 영향
3) 착용하여야 할 보호구
4) 취급상 주의사항
5) 응급조치와 긴급방재 요령

023 건설일반

건설현장에서 특정 차량계 건설기계가 진입로의 지면을 정리하는 작업을 하고 있다.

1) 건설기계 명칭
2) 작업계획서 포함 사항

1) 건설기계 명칭 : 로더
2) 작업계획서 포함 사항
  ① 차량계 건설기계의 운행 경로
  ② 차량계 건설기계의 작업방법
  ③ 사용하는 차량계 건설기계의 종류 및 성능

024 건설일반

하수관이 보이며, 주변 지반을 비닐로 덮는 장면이 나온다.

우천 시 빗물 유입으로 인한 붕괴재해를 예방하기 위해 필요한 조치사항 2가지

1) 지표수가 바로 유입되지 않도록 주변에 도랑 파기
2) 굴착 경사면에 비닐 등을 덮어 빗물 유입 차단
3) 지하수 유출 지반 침하, 각종 부재의 변형 등을 수시로 점검

025 건설일반

안전모 턱끈이 풀려 있고, 안전화는 신지 않은 상태에서 작업자가 허리보다 낮은 높이에서 양손으로 철근을 들고 운반 중이다.

철근 인력의 운반 작업 시 주의사항 3가지

1) 1인당 무게는 25kg 정도가 적절하며, 무리한 운반을 삼가야 한다.
2) 2인 이상이 1조가 되어 어깨메기로 하여 운반하는 등 안전을 도모하여야 한다.
3) 운반할 때에는 양끝을 묶어 운반한다.
4) 내려놓을 때에는 천천히 내려놓고 던지지 않는다.
5) 공동 작업을 할 때에는 신호에 따라 작업한다.

026 건설일반

작업자가 손수레에 모래를 싣고 리프트를 타고 올라가고 있다. 현재 리프트가 지나가는 개구부는 안전난간이나 기타 안전시설물이 보이지 않는다. 이런 상태에서 작업자는 리프트에서 하차 후 장난치듯 지나가면서 모래를 뿌리며 뒷걸음질 치다 뒤로 추락한다.

1) 리프트 안전장치 2가지
2) 재해발생 형태
3) 재해 발생원인

1) 리프트 안전장치 2가지
　① 권과방지장치
　② 과부하방지장치
　③ 제동장치
　④ 비상정지장치
2) 재해발생 형태 : 떨어짐
3) 재해 발생원인
　① 안전난간 미설치
　② 울타리 미설치

027 건설일반

작업자 A와 B가 건물 외벽에 석재를 붙이는 작업을 위, 아래에서 각각 진행하고 있다. 두 사람 모두 지면에서 2m 이상의 높이에서 작업중이지만, 안전난간은 보이지 않고, 작업장 주변은 여러 공구와 자재로 어지럽다. 심지어 위에서 작업하는 A는 구두를 신고 있으며, 아래에서 작업하는 B는 보호구를 착용했으나 불량하며, 석재를 들어올려 위에 있는 A에게 전달하려는 순간 허리에 통증을 느끼며 고통스러워 한다.

1) 위험요인 2가지
2) 대책요인 2가지

1) 위험요인
   ① 안전난간 미설치
   ② 작업발판 미설치
   ③ 작업자 안전모 미착용 및 착용자의 경우 착용 상태 불량
   ④ 작업장 주변 정리정돈 상태 불량
2) 대책요인 2가지
   ① 안전난간 설치
   ② 작업발판 설치
   ③ 작업자 안전모 올바르게 착용
   ④ 작업장 주변 정리정돈 철저

028 건설일반

작업자가 목장갑을 착용한 후 목재가공용 둥근톱을 이용하여 목재를 가공하고 있으나, 둥근톱에 투명 덮개가 설치되었으나, 열려져 있어 방호장치 기능을 할 수 없다.

1) 재해 발생원인 2가지
2) 방호장치 2가지
3) 전동기계 및 기구를 사용하는 경우 감전 방지를 위한 누전차단기를 반드시 설치해야 하는 작업장소 4가지 작성

1) 재해 발생원인
   ① 둥근톱과 같은 회전되는 기계장치에서의 장갑 착용
   ② 톱날접촉 예방장치 미설치
2) 방호장치
   ① 톱날접촉예방장치
   ② 반발예방장치
3) 감전방지용 누전차단기 필수 설치장소
   ① 임시배선의 전로가 설치되는 장소에서 사용하는 이동형 또는 휴대형 전기기계·기구
   ② 대지전압이 150V를 초과하는 이동형 또는 휴대형 전기기계·기구
   ③ 철판·철골 위 등 도전성이 높은 장소에서 사용하는 이동형 또는 휴대형 전기기계·기구
   ④ 물 등 도전성이 높은 액체가 있는 습윤장소에서 사용하는 저압용 전기기계·기구

암기TIP 임대철물

건설일반

화물자동차에 화물을 적재한 후 섬유로프로 화물을 단단히 고정하는 모습이 보인다. 섬유로프의 여러 곳에 손상된 모습이 보인다.

화물운반용 또는 고정용으로는 사용 할 수 없는 섬유로프의 조건 2가지

1) 꼬임이 끊어진 것
2) 심하게 손상되거나 부식된 것

030 건설일반

타워크레인을 해체한 후 화물차에 싣고 있다. 화물차 적재함에 작업자A는 아무런 보호장비 없이 손으로 크레인 몸체를 밀고 있으며, 신호수나 감시자 없는 상황 속에서 다른 작업자들이 인양물 아래를 지나다닌다.

영상에서 발견 된 크레인 인양 작업 시 불안전 요소 3가지

1) 작업자가 안전모 등 보호구를 착용하지 않음
2) 작업반경 내 관계 근로자외 접근금지 미실시
3) 신호수 미배치
4) 유도로프 미사용

031 건설일반

강풍에 타워크레인이 흔들리는 모습이 보인다.

산업안전보건법령상 강풍 시 타워크레인의 작업제한에 대한 풍속기준

1) 순간 풍속이 10m/s 초과 시 타워크레인의 설치, 수리, 점검 또는 해체작업 중지
2) 순간 풍속이 15m/s 초과 시 타워크레인의 운전작업 중지

032 건설일반

트럭 크레인을 이용하여 인양작업 중 와이어로프 결속 불량으로 지나가던 작업자 A를 화물이 덮치는 사고가 발생한다. 신호수는 보이지 않는다.

1) 재해의 종류 2) 위험요소 3) 방지대책 각 3가지

1) 재해의 종류 : 맞음
2) 위험요소
   ① 작업반경 및 중량물 아래로 근로자 출입
   ② 인양작업 전 와이어로프의 결속상태 미확인
   ③ 신호수 미배치
3) 방지대책
   ① 작업반경 및 중량물 아래로 근로자 출입통제
   ② 인양작업 전 와이어로프의 결속상태 반드시 확인
   ③ 신호수 배치 및 신호수의 지시에 따라 인양

033 건설일반

1줄 걸이로만 화물을 인양중인 타워크레인 작업장 주변에 신호수는 보이지 않으며, 작업자 A는 안전모를 대충 걸치고 아무렇지 않게 작업 현장을 지나가다 타워크레인의 화물이 작업자 A에게 낙하하여 사고가 발생했다.

1) 재해의 종류
2) 재해 발생원인
3) 안전대책 2가지

1) 재해의 종류 : 맞음
2) 재해 발생원인
   ① 작업 반경 내 출입금지 구역 작업자 출입
   ② 작업자가 안전모를 올바르게 착용하지 않음
   ③ 작업장 주변 신호수 미배치
   ④ 화물 인양시 1줄 걸이 사용 금지
3) 안전대책 2가지
   ① 작업 반경 내 근로자 출입 금지
   ② 작업자는 안전모 등 개인 보호구 올바르게 착용
   ③ 작업장 주변 충분한 인원의 신호수 배치
   ④ 화물 인양 시 반드시 2줄 걸이 이용

034 건설일반

타워크레인을 이용하면서 1줄 걸이로 하수관을 옮기면서 매설 작업을 진행하고 있다. 작업 현장 주변에 신호수는 보이지 않는다. 작업자 A는 크레인에 매달린 하수관을 보지 못하고 지나가다 하수관이 이탈하면서 작업자 A와 충돌한다.

1) 재해 발생원인
2) 재해 예방조치 3가지

1) 재해 발생원인
    ① 작업 반경 내 출입금지 구역 작업자 출입
    ② 작업장 주변 신호수 미배치
    ③ 화물 인양 시 1줄 걸이 사용 금지
    ④ 훅해지장치 미사용

2) 재해 예방조치 3가지
    ① 작업 반경 내 출입금지 구역 작업자 출입 통제
    ② 작업장 주변 충분한 인원의 신호수 배치
    ③ 화물 인양 시 1줄 걸이 사용 금지
    ④ 훅해지장치 사용을 통한 로프이탈 방지

035 건설일반

크레인으로 2줄걸이 교량 인양작업이 진행중이다. 신호수는 있으나 인양물 아래로 근로자들이 아무런 제재없이 돌아다니는 모습이 보인다. 심지어 인양물 위에 사람이 타고 있다.

산업안전보건법령상 사업주가 크레인 작업 시 준수사항 3가지

1) 인양할 하물을 바닥에서 끌어당기거나 밀어내는 작업을 하지 아니할 것
2) 유류드럼이나 가스통 등 운반 도중에 떨어져 폭발하거나 누출될 가능성이 있는 위험물 용기는 보관함(또는 보관고)에 담아 안전하게 매달아 운반할 것
3) 고정된 물체를 직접 분리·제거하는 작업을 하지 아니할 것
4) 미리 근로자의 출입을 통제하여 인양 중인 하물이 작업자의 머리 위로 통과하지 않도록 할 것
5) 인양할 하물이 보이지 아니하는 경우에는 어떠한 동작도 하지 아니할 것
   (신호하는 사람에 의하여 작업을 하는 경우는 제외한다.)

036 - 037
건설일반

036 ▶ 건설일반

트럭크레인이 붐대를 펴고 이동하며, 아웃트리거는 연약지반에 설치한 상태에서 와이어로프 2줄 걸이에는 이음매가 보이고 와이어로프 밑으로 작업자가 이동한다.

위험요소와 안전대책 3가지

1) 위험요소
   ① 트럭크레인 이동 시 붐대를 펴고 이동
   ② 연약 지반에 아무런 보강없이 아웃트리거 설치
   ③ 인양물 밑으로 작업자 이동
2) 안전대책
   ① 트럭크레인 이동 시 붐대를 접고 이동
   ② 연약 지반에 아웃트리거 설치 시 침하 방지를 위한 깔판 받침목 등 사용
   ③ 출입금지 구역 설정 및 작업자 안전 통로 확보

037 ▶ 건설일반

트럭크레인이 붐대를 펴고 상승시킨 상태에서 이동하며, 2명의 작업자가 강관 비계를 2줄 걸이로 묶는다. 이후 한 명의 작업자가 크레인 붐 밑으로 다닌다.

해당 건설기계에 대한 위험요소와 안전대책 각 3가지

1) 위험요소
   ① 트럭크레인 이동 시 붐대를 펴고 이동
   ② 작업반경 및 중량물 아래로 근로자 출입
   ③ 작업 시작 전 지면 상태 미확인, 아웃트리거 미설치
   ④ 신호수 미배치
2) 안전대책
   ① 트럭크레인 이동 시 붐대는 접어서 정위치에 고정
   ② 작업반경 및 중량물 아래로 근로자 출입통제
   ③ 작업 시작 전 지면 상태 확인, 아웃트리거 설치
   ④ 신호수 배치 및 신호수의 지시에 따라 인양

038 건설일반

이동식크레인을 이용하여 철재 배관을 운반하던 도중 신호수와 신호방법이 맞지 않아 물체가 흔들리며 철골에 부딪쳐 작업자 위로 자재가 낙하하는 사고가 발생한다.

이동식크레인 운전자 준수사항 2가지

1) 일정한 신호방법을 정하고 신호수의 신호에 따라 작업
2) 화물을 매단 상태에서 운전석을 이탈 금지
3) 작업 종료 후 크레인 동력을 차단 및 확실한 정지조치 실시

039 건설일반

굴착기(백호)로 철강 인양작업이 진행중이다. 주변에 충전전로도 보이지만, 신호수는 없다. 작업자는 구경만 하고 있다.

위험요소 2가지

1) 작업 중 굴착기(백호) 버킷의 활선에 접촉되어 감전 위험에 노출
2) 신호부 미배치로 굴착기와 작업자 충돌 위험 발생 가능
3) 인양 전문장비인 크레인 대신 굴착기로 철강 인양작업을 하여 인양물이 낙하할 위험이 있음

040 건설일반

리프트를 이용해 자재를 옮기는 현장이다. 하지만 안전난간이나 추락방호망은 설치되지 않았으며, 층층마다 리프트를 타기 위해 작업자들이 건물 밖으로 몸을 내밀어 리프트 위치를 확인한다. 작업자들은 안전모나 안전대를 착용하지 않았다.

> 영상에서 확인 된 불안전한 행동 2가지와 불안전한 상태 3가지

1) 불안전한 행동
    ① 작업자가 안전모와 안전대 등 개인 보호구를 착용하지 않음
    ② 리프트 탑승 대기 시 안전대도 착용하지 않은 상태에서 무리하게 몸을 건물 밖으로 내밀어 리프트 위치를 확인함
2) 불안전한 상태
    ① 리프트 문이 제대로 닫히지 않은 상태에서 운행
    ② 안전난간 미설치
    ③ 추락방호망 미설치

041 건설일반

항타기로 작업하던 중 항타기가 지반에 밀려 미끄러지면서 넘어진다.

> 항타기 또는 항발기의 무너짐 방지를 위한 산업안전보건법령상
> 준수사항 3가지

1) 연약한 지반에 설치하는 경우에는 아웃트리거·받침 등 지지구조물의 침하를 방지하기 위하여 깔판·받침목 등을 사용할 것
2) 시설 또는 가설물 등에 설치하는 경우에는 그 내력을 확인하고 내력이 부족하면 그 내력을 보강할 것
3) 아웃트리거·받침 등 지지구조물이 미끄러질 우려가 있는 경우에는 말뚝 또는 쐐기 등을 사용하여 해당 지지구조물을 고정시킬 것
4) 궤도 또는 차로 이동하는 항타기 또는 항발기에 대해서는 불시에 이동하는 것을 방지하기 위하여 레일 클램프 및 쐐기 등으로 고정시킬 것
5) 상단 부분은 버팀대·버팀줄로 고정하여 안정시키고 그 하단 부분은 견고한 버팀·말뚝 또는 철골 등으로 고정시킬 것

042 건설일반

항타기가 무너지는 장면이 나온다. 무너짐 방지 방법과 관련된 다음 3가지 조건과 관련된 조치사항을 기재

> 1) 상단과 하단의 고정방법
> 2) 연약 지반에 설치하는 경우 조치사항
> 3) 아웃트리거, 받침 등 지지구조물이 미끄러질 우려가 있는 경우 조치사항

1) 상단 부분은 버팀대·버팀줄로 고정하여 안정시키고 그 하단 부분은 견고한 버팀·말뚝 또는 철골 등으로 고정시킬 것
2) 아웃트리거, 받침 등 지지구조물의 침하 방지를 위하여 깔판·받침목 등을 사용할 것
3) 말뚝 또는 쐐기 등을 사용하여 해당 지지구조물을 고정시킬 것

043 건설일반

지게차 유해 위험방지를 위한 방호장치 5가지

1) 안전벨트
2) 전조등
3) 후미등
4) 백레스트
5) 헤드가드

044 건설일반

작업자 A는 지게차를 운전하여 자재를 싣고, 작업 장소로 이동하고 있다. 실려있는 화물을 불안정하게 적재하여 밧줄로 묶지 않은 상태를 보여주고 있다. 작업자 A는 잘 보이지 않는 상태로 지게차를 운전하여 작업 장소로 이동하고 있는데, 화물이 갑자기 쓰러지면서 그 곳에 있던 작업자 B와 충돌하는 재해가 발생하였다.

위험요인 3가지

1) 화물 적재 시 운전자의 충분한 시야 미확보
2) 화물의 낙하 예방을 위한 로프 고정 등 필요 조치 미이행
3) 한쪽으로 치우친 잘못된 화물 적재
4) 지게차 이동경로 및 작업 반경 내 관계자외 출입 통제 미실시

건설일반

고소작업대가 작업이 진행중이다. 고소작업대의 바퀴는 쐐기나 아웃트리거로 견고하게 고정된 상태는 아니다.

산업안전보건법령상 고소작업대 설치 시 사업자 준수사항 3가지

1) 작업대를 와이어로프 또는 체인으로 올리거나 내릴 경우에는 와이어로프 또는 체인이 끊어져 작업대가 떨어지지 아니하는 구조여야 하며, 와이어로프 또는 체인의 안전율은 5 이상일 것
2) 작업대를 유압에 의해 올리거나 내릴 경우에는 작업대를 일정한 위치에 유지할 수 있는 장치를 갖추고 압력의 이상저하를 방지할 수 있는 구조일 것
3) 권과방지장치를 갖추거나 압력의 이상상승을 방지할 수 있는 구조일 것
4) 붐의 최대 지면경사각을 초과 운전하여 전도되지 않도록 할 것
5) 작업대에 정격하중(안전율 5 이상)을 표시할 것
6) 작업대에 끼임, 충돌 등 재해를 예방하기 위한 가드 또는 과상승방지장치를 설치할 것
7) 조작반의 스위치는 눈으로 확인할 수 있도록 명칭 및 방향표시를 유지할 것

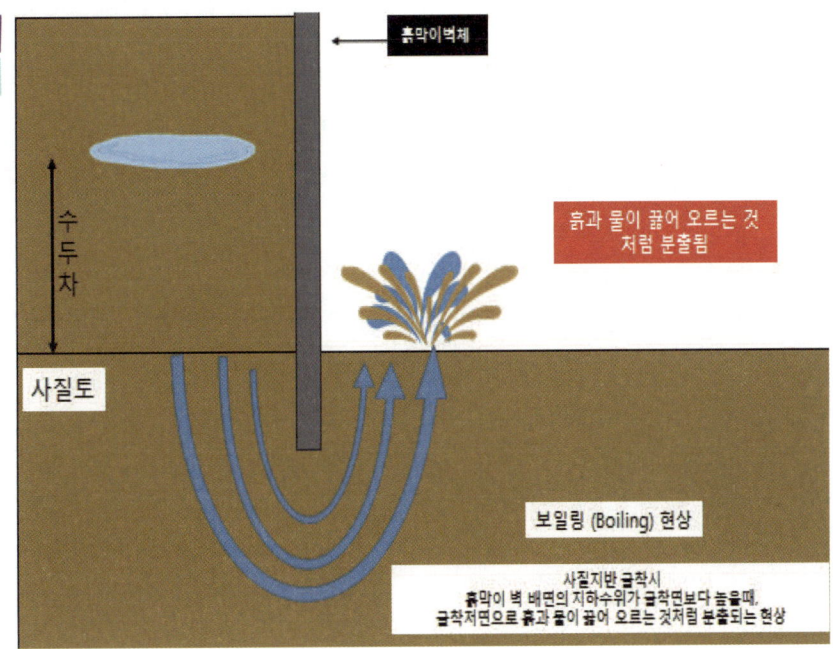

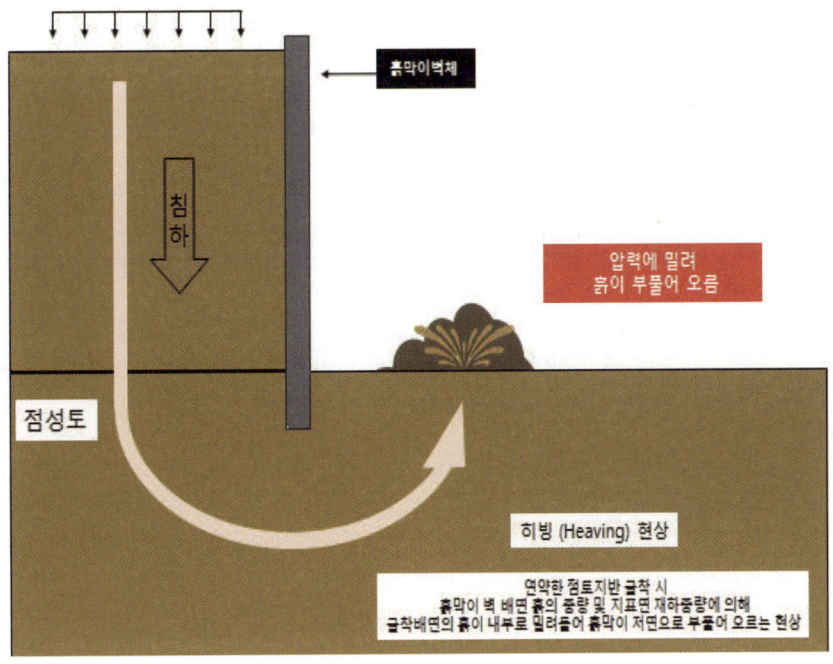

046 건설일반

보일링(Boilling) 현상을 표현 하고 있다.

> 1) 보일링(Boilling) 현상의 정의
> 2) 보일링(Boilling) 현상 방지 대책 2가지

1) 사질지반에서 흙막이 벽의 배면 지하수위와 굴착저면과의 수위차에 의해, 굴착저면을 통하여 모래와 물이 부풀어 오르는 현상

2) ① 지하수위 저하
　　② 지하수 흐름 변경
　　③ 흙막이 벽을 깊게 설치

047 건설일반

히빙(heaving) 현상을 표현 하고 있다.

> 1) 히빙(heaving) 현상의 정의
> 2) 히빙(heaving) 현상 방지 대책 2가지

1) 연약한 점토지반을 굴착할 때 굴착배면의 토사중량이 굴착저면 이하의 지반지지력보다 크게되어 배면지반은 침하되고, 굴착 저면이 부풀어 오르는 현상

2) ① 지하수위 저하
　　② 웰포인트 공법 병행
　　③ 흙막이 벽을 깊게 설치

048 건설일반

작업자가 지하 밀폐 공간에서 도장 작업을 하고 있다.

보통 작업에 상요되는 작업장 필요 조도에 대해 다음 빈칸을 채우시오.
(   )Lux 이상

정답 : 150Lux 이상

근로자 상시 작업장소 조도 기준

초정밀 작업	정밀 작업	보통 작업	그 외 작업
750Lux 이상	300Lux 이상	150Lux 이상	75Lux 이상

건설장비

영상에서는 차량계 건설기계의 모습이 보인다.

1) 영상에 나온 건설장비의 명칭
2) 화물의 중심을 직접 지지하는 경우에 사용되는 와이어로프의 안전율

1) 이동식 크레인   2) 5 이상

건설장비

건물 옥상에서 지브 크레인 을 이용한 작업이 진행중이다.

구조물 위에 크레인 설치 시 구조적인 안정성을 위한 사전 검토사항 3가지

1) 전도에 대한 안정성
2) 활동에 대한 안정성
3) (지반) 침하에 대한 안정성

암기TIP 전활침

건설장비

콘크리트운반 차량이 작업현장까지 계속해서 운반하는 모습이 보이고 차량 뒷부분 드럼은 운행 중에도 계속 회전하고 있다.

> 1) 명칭과 2) 적재물을 계속 회전 시키는 이유 2가지

1) 명칭 : 콘크리트 믹서 트럭
2) 이유
   ① 골재, 시멘트 및 물을 완전히 혼합하여 품질이 일정한 혼합물을 생성, 유지한다.
   ② 재료 분리가 발생하지 않게 하고, 양생을 방지한다.

건설장비

건설 현장을 출입하는 콘크리트 믹서 트럭이 출구쪽에서 통과하는 모습이 보이며, 해당 장비에서 차량에 물이 분무되고 콘크리트 믹서 트럭 바퀴에 묻은 흙이 씻겨 내려간다.

> 영상에서 보이는 장비의 이름과 용도

1) 명칭 : 세륜기
2) 용도 : 건설기계의 바퀴에 묻은 분진이나 토사를 제거

 **건설장비**

롤러가 장착된 건설장비를 이용하여 아스팔트 공사가 진행되고 있는 모습이 보인다. 앞, 뒤 쇠바퀴 롤러가 하나씩 있고, 아스팔트를 다지고 있다.

> 영상에서 보이는 건설기계의 명칭과 용도 1가지

1) 명칭 : 탠덤롤러   2) 용도 : 다짐(평탄화)

 **건설장비**

차량계 건설기계가 아스팔트 포장작업을 진행하고 있다.

> 영상에서 보이는 건설기계의 명칭과 용도

1) 명칭 : 아스팔트 피니셔 또는 아스팔트 페이버
2) 용도 : 아스팔트 플랜트에서 제조된 혼합재를 덤프트럭으로부터 받아, 자동으로 주행하면서 정해진 너비와 두께로 깔고 다져 마무리 하는 도로 포장용 건설기계

055 건설장비

영상에서는 배위에서 굴착기를 이용하여 준설작업을 하는 모습이 보인다.

영상에서 보이는 건설기계의 용도 2가지
*준설 : 하천이나 해안의 바닥에 쌓인 흙이나 암석을 파헤쳐 바닥을 깊게 하는 일

1) 수중 굴착
2) 교량기초 작업
3) 건축물의 지하실 공사
4) 호퍼(Hopper) 작업

 ## 건설장비

차량계 하역운반기계를 이송하기 위해 싣는 장면이 보인다.

> 기계의 전도 또는 전락에 의한 위험을 방지하기 위하여 준수할 사항 4가지

1) 싣거나 내리는 작업은 평탄하고 견고한 장소에서 할 것
2) 발판을 사용하는 경우에는 충분한 길이 폭 및 강도를 가진 것을 사용하고 적당한 경사를 유지하기 위하여 견고하게 설치할 것
3) 가설대 등을 사용하는 경우에는 충분한 폭 및 강도와 적당한 경사를 확보할 것
4) 지정운전자의 성명 연락처 등을 보기 쉬운 곳에 표시, 지정운전자 외 운전하지 않도록 할 것

암기TIP 싣발가지

057 건설장비

영상에서 굴착기(백호)를 이용한 굴착 작업중 운전자가 갑자기 시동이 걸린 상태에서 운전석을 이탈한다.

> 산업안전보건법령상 차량계 건설기계 운전자가 운전석을 이탈할 경우 준수사항 3가지

1) 포크, 버킷, 디퍼 등의 장치를 가장 낮은 위치 또는 지면에 내려 둘 것
2) 기계를 정지시키고, 브레이크를 확실히 거는 등 갑작스러운 주행이나 이탈을 방지 조치
3) 운전석을 이탈하는 경우에는 시동키를 운전대에서 분리시킬 것

암기TIP 포기운

058 건설장비

차량계 건설기계를 이용하여 굴착하는 모습이 보인다.

영상에서처럼 굴착을 하는 경우 건설기계의 전도, 전락을 방지하기 위한 필요조치 3가지

1) 신호수 등 유도인력 배치
2) 지반 부동침하 방지
3) 갓길 붕괴 방지
4) 도로 폭 유지

059 건설장비

영상에서 굴착기(백호)를 이용하여 작업하던 중 작업 지휘자로 보이는 사람이 다가와 굴착기 점검여부를 확인한다.

굴착기 사용 전 점검사항 3가지

1) 낙석, 낙하물 등의 위험이 예상되는 작업시 견고한 헤드가드 설치 상태
2) 타이어 및 궤도 차륜 상태
3) 경보장치 작동 상태
4) 부속 장치의 상태

060 건설장비

화면에서 보이는 건설기계의 명칭과 주요 작업을 쓰시오.

1) 천공기 : 지반에 구멍을 뚫는 작업
2) 굴착기 : 굴착(지반의 토양을 파내거나 옮기는 작업)

 **건설장비**

불도저가 노면의 흙을 깎는 모습이 영상에 담겨져 있다.

차량계 건설기계를 사용하여 작업하는 때에 안전조치 사항 3가지

1) 경사면을 오르고 내릴 때는 베토판을 가능한 낮게 한다.
2) 신호수를 배치한다.
3) 작업장 내에 관계 근로자외의 출입을 제한한다.
4) 장비의 전도, 전락 등에 의한 위험방지조치를 한다.

 **건설장비**

화면에서 노면을 깎는 작업이 진행 중이다.

건설기계 명칭과 용도 3가지

1) 명칭 : 불도저
2) 용도
　① 지반 정지 작업
　② 굴착 작업
　③ 적재 작업
　④ 운반 작업

 ## 063 건설장비

차량계 건설장비를 이용하여 노면의 흙을 깎는 작업이 진행되고 있다.

> 영상에서 보이는 건설기계의 명칭 및 용도 2가지

1) 명칭 : 스크레이퍼
2) 용도
　① 토사의 굴착
　② 지반 고르기(정지 작업)
　③ 운반
　④ 적재

 ## 064 건설장비

차량계 건설장비를 이용하여 땅을 고르고 다지는 모습이 보인다.

> 영상에서 보이는 건설기계의 명칭과 용도 2가지

1) 명칭 : 모터 그레이더
2) 용도
　① 토사의 굴착
　② 지반 고르기(정지 작업)
　③ 제설

건설장비

산업안전보건법령상 콘크리트 플레이싱 붐, 콘크리트 분배기, 콘크리트 펌프카 등을 사용하는 경우 사업주 준수사항 3가지

1) 작업을 시작하기 전에 콘크리트타설장비를 점검하고 이상을 발견하였으면 즉시 보수할 것
2) 건축물의 난간 등에서 작업하는 근로자가 호스의 요동·선회로 인하여 추락하는 위험을 방지하기 위하여 안전난간 설치 등 필요한 조치를 할 것
3) 콘크리트타설장비의 붐을 조정하는 경우에는 주변의 전선 등에 의한 위험을 예방하기 위한 적절한 조치를 할 것
4) 작업 중에 지반의 침하나 아웃트리거 등 콘크리트타설장비 지지구조물의 손상 등에 의하여 콘크리트타설장비가 넘어질 우려가 있는 경우에는 이를 방지하기 위한 적절한 조치를 할 것

암기TIP 작건콘작

066 건설장비

산업안전보건법령상 토공기계 무너짐 방지 방법 3가지
*토공기계 : 굴착기, 불도저, 트랙터, 항타기, 항발기 등

1) 연약한 지반에 설치하는 경우에는 아웃트리거·받침 등 지지구조물의 침하를 방지하기 위하여 깔판·받침목 등을 사용할 것
2) 시설 또는 가설물 등에 설치하는 경우에는 그 내력을 확인하고 내력이 부족하면 그 내력을 보강할 것
3) 아웃트리거·받침 등 지지구조물이 미끄러질 우려가 있는 경우에는 말뚝 또는 쐐기 등을 사용하여 해당 지지구조물을 고정시킬 것
4) 궤도 또는 차로 이동하는 항타기 또는 항발기에 대해서는 불시에 이동하는 것을 방지하기 위하여 레일 클램프 및 쐐기 등으로 고정시킬 것
5) 상단 부분은 버팀대·버팀줄로 고정하여 안정시키고 그 하단 부분은 견고한 버팀·말뚝 또는 철골 등으로 고정시킬 것

067 건설장비

산업안전보건법령상 타워크레인 방호장치 5가지

1) 권과방지장치
2) 과부하방지장치
3) 제동장치
4) 비상정지장치
5) 훅해지장치

068 건설장비

타워크레인 작업중 붕괴사고가 발생했다.

타워크레인을 와이어로프로 지지하는 경우 다음 물음에 답하시오.
1) 와이어로프 설치각도 :
2) 지지점 :   개 이상으로 같은 각도로 설치

1) 와이어로프 설치각도 : 60도 이내
2) 지지점 : 4개 이상으로 같은 각도로 설치

건설장비

건설용 리프트 방호장치를 보여주고 있다.

1) 건설용 리프트 방호장치명

장치명	방호장치	장치명	방호장치
①		④	
②		⑤	
③-1		⑥	
③-2		⑦	

1) ① 완충스프링
   ② 비상정지장치
   ③-1 : 기계식 과부하방지장치   ③-2 : 전자식 과부하방지장치
   ④ 출입문 연동장치
   ⑤ 방호울 출입문 연동장치
   ⑥ 3상 전원차단장치
   ⑦ 낙하방지장치(조속기)

건설장비

사업주는 크레인을 사용하여 근로자를 운반하거나 근로자를 달아 올린 상태에서 작업에 종사시켜서는 아니된다. 다만, 크레인 전용 탑승설비를 설치하고 추락 위험을 방지하기 위하여 조치한 경우에는 그러하지 아니한다. 이때, 사업주 조치사항 3가지

1) 탑승설비가 뒤집히거나 떨어지지 않도록 필요한 조치를 할 것
2) 안전대나 구명줄을 설치하고, 안전난간을 설치할 수 있는 구조인 경우에는 안전난간을 설치할 것
3) 탑승설비를 하강시킬 때에는 동력하강방법으로 할 것

건설장비

굴착기가 인양작업을 하고 있으며, 유도로프를 사용하지 않고, 훅해지장치도 없다. 인양된 배관 아래 작업자 2명이 있으며, 신호수도 있으나, 굴착기 운전자와 무언가 신호가 맞지 않아 인상을 찌푸린다. 신호수가 배관을 손으로 당기다 배관이 다른 작업자에게 떨어져 배관과 배관 사이에 다리가 끼이게 된다.

> 굴착기를 사용하는 인양작업 시 사업주 준수사항 3가지

1) 굴착기 제조사에서 정한 작업설명서에 따라 인양할 것
2) 사람을 지정하여 인양작업을 신호하게 할 것
3) 인양물과 근로자가 접촉할 우려가 있는 장소에 근로자의 출입을 금지시킬 것
4) 지반의 침하 우려가 없고 평평한 장소에서 작업할 것
5) 인양대상 화물의 무게는 정격하중을 넘지 않을 것

건설장비

> 경사면에서 굴착기 작업을 진행 시 굴착기가 넘어져 작업자에게 위험을 미칠 우려가 있는 경우, 사업주의 조치사항 3가지

1) 유도자 배치
2) 지반 부동침하 방지
3) 갓길의 붕괴 방지
4) 도로폭 유지

굴착·흙막이
굴착작업이 진행되고 있다.

풍화암 기울기 구배기준과 지반 붕괴 또는 토사 낙하에 의한 근로자 위험 예방을 위한 조치사항 2가지

1) 풍화암 기울기 기준 / 1 : 1.0
2) 조치사항
   ① 흙막이 지보공의 설치
   ② 방호망의 설치
   ③ 근로자의 출입 금지 등

굴착·흙막이
경사면 굴착공사 현장이다.

굴착 경사면에 대한 안정성 확인을 위한 검토사항 3가지

1) 단층, 파쇄대의 방향 및 폭
2) 풍화의 정도
3) 토질시험 : 최적함수비, 삼축압축강도, 전단시험, 점착도 등의 시험
4) 토층의 방향과 경사면의 상호관련성
5) 지질조사 : 층별 또는 경사면의 구성 토질구조
6) 사면붕괴 이론적 분석 : 원호환절법, 유한요소법 해석
7) 과거의 붕괴된 사례 유무
8) 용수의 상황

> 암기TIP 단풍 토토지 사과용

075 굴착·흙막이

절토작업을 위쪽과 아래쪽에 동시에 진행하고 있다.

> 동시 작업은 금지하나, 일정 상 부득이한 경우 사전 조치사항 3가지

1) 신호수 및 담당자 배치
2) 부석 제거
3) 견고한 낙하물 방호시설 설치
4) 작업장소에 불필요한 기계 등의 방치 금지

암기TIP 신부견작

076 굴착·흙막이

굴착기가 노지에서 굴착을 진행하고 있는 가운데 한 쪽에 쌓아둔 흙더미와 부석이 굴러와 작업자 A가 다칠 뻔한 아찔한 상황이 연출된다.

> 지반에 따른 굴착면 기울기 기준에 대해 다음 빈칸을 채우기

지반의 종류	기울기
모래	1)
연암 및 풍화암	2)
경암	3)
그 밖의 흙	4)

1) 모래 / 1 : 1.8
2) 연암 및 풍화암 / 1 : 1.0
3) 경암 / 1: 0.5
4) 그 밖의 흙 / 1 : 1.2

077 굴착·흙막이

1. 지반 굴착 시 사업주가 준수해야 할 연암의 굴착면 기울기 기준
2. 굴착작업 시 낙하에 의한 위험을 미리 방지하기 위한 사업주 점검사항 2가지

1. 연암 굴착면 기울기 1 : 1.0

2.
   1) 작업장소 및 그 주변의 부석, 균열 유무
   2) 함수, 용수 및 동결의 유무 또는 상태의 변화

> 참고

연암	굴착면 기울기
모래	1 : 1.8
연암 및 풍화암	1 : 1.0
경암	1 : 0.5
그 밖의 흙	1 : 1.2

 **굴착·흙막이**

연약지반에서 굴착 작업이 한창이다.

관리감독자 점검사항 3가지

① 작업장소 및 그 주변의 부석·균열의 유무
② 동결상태의 변화 점검
③ 함수·용수의 변화 점검

암기TIP 작동함!

굴착·흙막이

고속도로 옆 사면을 보여주며 사면 굴착이 진행되고 있다.

사면보호를 위한 방법 중 구조물에 의한 보호방법 5가지

1) 블록 쌓기 공법
2) 숏크리트
3) 낙성 방지 울타리
4) 낙석 방지망
5) 비탈면 녹화
6) 격자블록 붙이기
7) 돌 쌓기 공법

암기 TIP 블숏낙낙비 격돌

 ## 굴착·흙막이

지표면에서 땅을 파들어간 뒤 구조물을 설치하고 흙을 다시 메우는 이른바 개착공사 현장이다. 사면을 파란색 타프(천막)으로 덮어두었다.

작업장 사면에 설치한 타프(천막) 역할 2가지

1) 빗물의 유입방지
2) 비산 먼지 방지
3) 사면의 보호

암기TIP 빗! 비사(싸)

굴착 · 흙막이

영상에서는 흙막이에 H형으로 된 줄이 이어져 있고 흙막이에 연결된 선로에 노란색으로 되어 있는 사각형기계가 연속해서 보인다.

1) 흙막이 공법 명칭
2) 공법의 특징 2가지
3) 영상에서 나온 계측기의 종류와 용도 3가지

1) 흙막이 공법 명칭 : 어스앵커공법(Earth Anchor)
2) 공법의 특징 2가지
   ① 앵커체가 각각의 구조체이므로 적용성이 좋음
   ② 앵커에 프리스트레스를 주기 때문에 흙막이 벽의 변형을 방지, 주변 지반의 침하를 최소한으로 억제가능
   ③ 본 구조물의 바닥과 기둥의 위치에 관계없이 앵커 설치 가능
   ④ 널말뚝 후면부를 천공하고 인장재를 삽입하는 방식인 관계로 인근구조물이나 지중매설물에 따라 시공이 곤란함
   ⑤ 작업능률이 좋으며 토공사 범위를 한 번에 시공 가능
3) 계측기의 종류와 용도 3가지
   ① 지표침하계 : 지표면의 침하량을 측정
   ② 지중경사계 – 지중의 수평 변위량을 측정
   ③ 수위계 – 지반 내 지하수위의 변화 측정

082 굴착·흙막이

화면에서는 관로 터파기 및 배관 매립 및 설치 작업이 진행되고 있다.

산업안전보건법령상 굴착작업 시 지반의 붕괴로 인한 근로자 위험 예방을 위한 조치사항 3가지

1) 흙막이 지보공의 설치
2) 방호망의 설치
3) 근로자의 출입 금지 등

083 굴착·흙막이

차량계 건설기계를 이용하여 사면굴착공사가 진행되고 있다.

굴착공사에서 토석붕괴 원인 3가지

1) 절토(흙을 깎은 것) 및 성토(흙을 쌓은 것) 높이 증가
2) 공사에 의한 진동 및 반복 하중 증가
3) 사면, 법면의 경사 및 기울기 증가
4) 토사 및 암석의 혼합층 두께
5) 지진, 차량, 구조물의 하중 작용
6) 지표수 및 지하수 침투에 의한 토사 중량 증가

암기TIP 절공사 토지지

 **굴착·흙막이**

화면에서는 원심력 철근 콘크리트 말뚝(PHC 파일)을 시공하는 모습이 보인다.

말뚝의 항타공법 종류 2가지

1) 타격 = 타격관입 = 직접항타 공법(해머로 직접 두들김)
2) 워터제트(water jet) : 수사(물을 쏨)
3) 진동공법(흔들기)
4) 압입공법(누르기)
5) 프리보링(Pre Boring) – 구멍을 미리 뚫어서 심기

암기 TIP 타워 진(짜) 아퍼

굴착·흙막이

H파일과 토류판으로 이루어진 흙막이벽이 보이지만 버팀대는 보이지 않는다. 토류판과 띠장, 엄지말뚝 앞열과 뒷열을 연결해주는 부재가 보인다.

영상에서 보이는 흙막이 공법 명칭

2열 자립식 흙막이 공법
- 흙막이 벽체 역할을 하는 전열 말뚝과 흙막이 벽체의 전단파괴를 방지하는 후열 말뚝으로 조합된 흙막이 공법

굴착·흙막이

흙막이 공사가 진행되고 있다. 일을 먼저 박은 후 터파기를 하면서 토류판을 파일 사이에 넣어 벽을 만든다.

흙막이 공법 명칭

H-Pile + 토류판 공법
- 수직으로 설치한 말뚝(H-Pile)에 토류판을 흙막이벽을 형성하면서 터파기를 진행하는 공법

굴착·흙막이

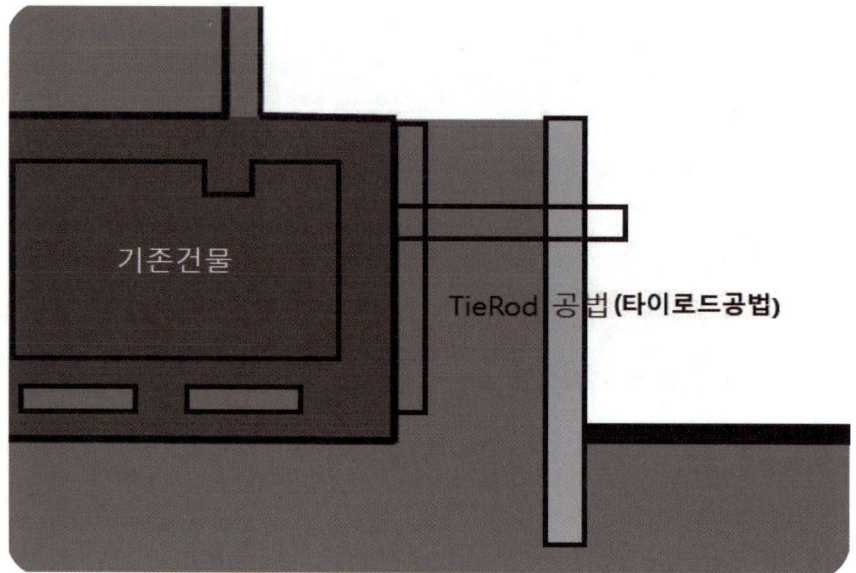

흙막이벽의 상부를 와이어로프나 당김줄 또는 강봉을 이용하여 당겨, 흙막이 벽 이동을 예방하는 타이로드 공법이 진행중이다.

재해예방을 위한 안전대책 2가지

1) 흙막이 지보공을 조립할 경우 미리 조립도를 작성, 조립도를 준수하여 조립
2) 흙막이 지보공 재료는 변형 또는 부식되거나 심하게 손상된 것 사용 금지
3) 설계도서에 따라 계측하고 계측분석 결과 토압의 증가 등 이상 발견 시 즉시 보강조치

굴착·흙막이

영상에서는 흙막이 지보공 설치 현장이 비춰지는 가운데, 계속된 비로 인해 지보공의 일부가 무너져 토사가 밀려드는 모습이 보인다.

> 흙막이 지보공의 설치 시 사업주의 정기 점검사항 3가지

1) 부재의 손상·변형·부식·변위 및 탈락의 유무와 상태
2) 부재의 접속부·부착부 및 교차부의 상태
3) 버팀대의 긴압정도
4) 침하의 정도

굴착·흙막이

> 산업안전보건법령상 사업주가 흙막이 지보공 설치 시 정기적으로 점검하고 이상을 발견하면 즉시 보수해야 하는 사항 3가지

1) 부재의 손상·변형·부식·변위 및 탈락의 유무와 상태
2) 부재의 접속부·부착부 및 교차부의 상태
3) 버팀대의 긴압정도
4) 침하의 정도

암기TIP 부부버침!

090 굴착·흙막이

흙막이 벽을 설치한 후 트렌치를 파듯 중심부를 먼저 굴착한 후 바깥 부분에 구조물을 만들고 그 다음 중앙부분에 나머지 굴착이 진행된다.

토사 붕괴 및 낙석 등에 의한 위험 예방을 위한 작업 시작 전 점검사항 2가지

1) 작업장소 및 그 주변의 부석·균열의 유무
2) 동결상태의 변화 점검
3) 함수·용수의 변화 점검

암기TIP 작동함!

091 굴착·흙막이

흙막이 공사가 진행되고 있다 부지 외곽에 흙막이 벽을 설치하고 버팀대를 대고 그 사이에 말뚝을 박아 넣어 벽체를 형성시키고 있다.

1) 흙막이 공법 명칭
2) 재료 2가지

1) 흙막이 공법 명칭 : 버팀대 공법(연약지반에 적합)
2) 재료 2가지
  ① 토류판
  ② 버팀대
  ③ 띠장
  ④ 버팀목

092 굴착·흙막이

굴착기로 굴착이 진행되고 있으며, 주변이 연약지반으로 언제든지 붕괴의 위험에 노출되어 있다.

> 지반의 굴착작업에 있어, 지반의 붕괴 등에 의해, 근로자에게 위험발생 우려가 있을 경우, 실시하는 지반의 사전 조사사항 과 관리감독자 점검사항 각 2가지

1) 지반 조사사항
   ① 형상·지질 및 지층의 상태
   ② 균열·함수·용수 및 동결의 유무 또는 상태
   ③ 매설물 등의 유무 또는 상태
   ④ 지반의 지하수위 상태

암기TIP 형/균/매/지

2) 관리감독자 점검사항
   ① 작업장소 및 그 주변의 부석·균열의 유무
   ② 동결상태의 변화 점검
   ③ 함수·용수의 변화 점검

093 굴착·흙막이

굴착기로 흙을 굴착한 다음 덤프 트럭에 싣는 장면이다. 신호수나 감시자는 보이지 않으며, 주변에 여러가지 작업도구들이 정리가 되지 않은 상태이다. 덤프 트럭에는 너무 많은 흙이 담겨져 있어 덮개가 닫히지 않은 상태이고 덤프 트럭은 뿌연 먼지를 일으키며 그대로 현장을 빠져 나가고 있다 이런 모습을 지나가던 행인이 아무런 제재 없이 작업을 구경하고 있다.

작업 시 문제점과 안전대책 2가지

1) 문제점
    ① 작업장 내 안전사고 예방을 위한 유도자나 신호수가 배치되지 않았으며, 장애물을 방치함
    ② 덤프 트럭 상차 시 정상 적재량이 초과되었으며, 상차 후 덮개를 완전히 덮지 않은 상태에서 운행
    ③ 작업장 출입 시 먼지 비산 예방을 위한 살수시설 미설치 및 과속 주행
    ④ 작업장 내 관계자외 출입을 통제하지 않음
2) 안전대책
    ① 작업장 내 안전사고 예방을 위한 유도자나 신호수가 배치
    ② 덤프 트럭 적재정량 상차 및 상차 후 덮개를 덮고 차량 운행
    ③ 작업장 출입 시 먼지 비산 예방을 위한 살수시설 설치 및 서행 운행
    ④ 작업장 내 관계자외 출입 통제

094 ▶ 교량 · 터널

터널 공사 시 터널 작업면의 조도 관련에 대해 다음 빈칸을 채우시오.

> 1) 막장구간 (①) Lux 이상
> 2) 터널중간구간 (②) Lux 이상
> 3) 터널 입/출구, 수직구 구간 (③) Lux 이상

1) 막장구간 (70) Lux 이상
2) 터널중간구간 (50) Lux 이상
3) 터널 입/출구, 수직구 구간 (30) Lux 이상

095 ▶ 교량 · 터널

터널 공사가 진행중이다. 전방 시야 확보가 불가능할 정도로 조명은 좋지 못하며, 바닥은 축축하게 젖은 상태이고, 심지어 작업자들은 안전모도 제대로 착용하지 않았다. 환기상태도 좋지 않은지 작업자들은 심하게 얼굴을 찌푸리기도 한다.

> 영상에서 확인 된 터널공사 현장의 불안전한 행동 및 상태 2가지

1) 어두운 불빛 등 조명 불량으로 작업 간 충돌
2) 개인보호구 미지급 및 착용불량으로 분진 흡입
3) 바닥 습기 및 지하수 처리 미흡으로 넘어짐 또는 감전 가능
4) 환기 불량에 의한 작업자 진폐증 발별 가능

096 교량·터널

1. 터널 굴착 시 발생하는 암석 토사 등 굴착 잔해물인 버럭처리 장비 선정 시 고려사항 3가지
2. 버럭 처리 시 차량계 운반장비 작업 시작 전 점검 중 이상 발견으로 즉시 보수 또는 필요한 조치를 해야하는 상황 3가지

1) ① 굴착 방식
   ② 굴착단면의 크기 및 단위발파 버럭의 물량
   ③ 터널의 경사도
   ④ 버럭의 상상 및 함수비
   ⑤ 운반 통로의 노면상태

2) ① 제동장치 및 조절장치 기능의 이상 유무
   ② 하역장치 및 유압장치 기능의 이상 유무
   ③ 차륜의 이상 유무
   ④ 경광, 경음장치 이상의 유무

097 교량·터널

터널에서 콘크리트 라이닝 작업이 진행 중이다. 콘크리트 라이닝 목적 3가지

1) 굴착면의 안정유지
2) 굴착면의 풍화 방지
3) 굴착면의 조도계수 향상
4) 토압, 수압 등의 외력에 저항
5) 내구성 향상
6) 누수 방지

 ## 교량·터널

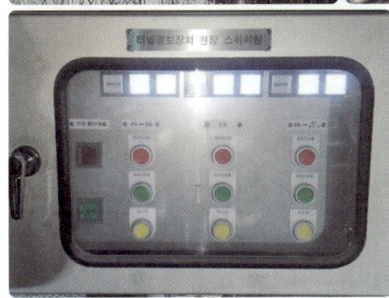

터널공사 진입로 입구에 자동경보장치 박스를 화면에서 강조하고 이어서 터널 내부를 보여준다.

터널공사 중 자동경보장치 작업시작 전 점검 및 보수 사항 3가지

1) 계기의 이상 유무
2) 검지부의 이상 유무
3) 경보장치의 작동 상태

099 - 100 교량 터널

099 교량·터널

터널 안으로 차량이 이동하고 터널 외벽에 콘크리트를 압력공기를 이용해 타설하는 등 터널 공사가 진행되고 있다.

> 1) 영상에서 확인 된 공정의 명칭
> 2) 공법의 종류 2가지
> 3) 작업계획서 포함사항 3가지

1) 숏크리트 타설 공정
2) 습식공법 / 건식공법
3) 작업계획서 포함사항
   ① 압송거리
   ② 분진방지 대책
   ③ 리바운드방지 대책
   ④ 작업 안전수칙
   ⑤ 사용목적 및 투입 장비 등
   ⑥ 습식, 건식방법의 선택
   ⑦ 노즐 분사출력 기준
   ⑧ 재료혼입 기준

100 교량·터널

터널 현장으로 차량 입·출입이 활발하며, 작업자 A는 터널 외벽에 압축공기를 이용하여 콘크리트를 분무(뿌리며) 타설 작업을 하고 있다.

> 1) 작업 명칭
> 2) 터널 굴착 작업 시 작업계획서 포함 사항 3가지
> 3) 숏크리트 타설 시 작업계획서 포함 사항 2가지

1) 작업 명칭 : 숏크리트 타설 공정
2) 터널 굴착 작업 시 작업계획서 포함 사항
   ① 굴착의 방법
   ② 터널지보공 및 복공 시공 방법과 용수의 처리방법
   ③ 환기 또는 조명시설을 설치할 때에는 그 방법
3) 숏크리트 타설 시 작업계획서 포함 사항
   ① 압송거리
   ② 분진방지 대책
   ③ 리바운드방지 대책
   ④ 작업 안전수칙
   ⑤ 사용목적 및 투입 장비 등

교량·터널

터널 굴착기를 동원한 굴착 모습이 등장하고, 굴착 후 흙을 버리는 장면이 이어진다.

> 1) 터널 굴착방법
> 2) 작업계획 포함 사항 3가지 작성

1) T.B.M 공법(Tunnel Boring Machine method)
2) 작업계획 포함 사항 3가지 작성
    ① 굴착의 방법
    ② 터널지보공 및 복공 시공 방법과 용수의 처리방법
    ③ 환기 또는 조명시설을 설치할 때에는 그 방법

> ***TBM 공법**
> 터널 굴착기를 동원해 암반을 압쇄하거나 절삭해 굴착하는 기계식 굴착공법으로 기존 화약 발파공법과는 달리 굴착 단면이 원형인 굴착기를 사용하여 굴착함으로써 소음과 진동으로 인한 환경피해를 최소화하고, 주변 암반을 지지대로 활용해 역학적으로 안정된 원형 구조를 형성하여 낙반이 적고 비교적 안전성이 높은 것이 특징

 ## 교량·터널

터널시공 안정성 확보를 위한 계측항목 4가지

① 내공변위 측정
② 지중변위 측정
③ 천단침하 측정
④ 록볼트 축력 측정

 ## 교량·터널

터널에서 록볼트 설치 작업이 진행되고 있다.

록볼트 역할 3가지

① 지반봉합 : 지반을 메워준다.
② 보(Beam) 형성 : 보를 형성한다.
③ 내압부여 : 내부에 압력을 부여한다.
④ 암반개량 : 암반전반의 저항력을 증대하고 잔류강대를 강화해 암반전체의 물성을 개선한다.
⑤ 마찰 : 마찰력의 발생으로 지층의 운동을 억제한다.
⑥ 아치 형성 : 아치 형상을 만들어 준다.

104-105 교량·터널

104 교량·터널

교량건설 현장이다.

> 높이가 5m 이상이거나 교량 최대 지간길이가 30m이상인 교량의 설치, 해체 또는 변경 작업시 작업계획서 내용 3가지

1) 작업방법 및 순서
2) 작업지휘자 배치 계획
3) 사용하는 기계 등의 종류 및 성능, 작업방법
4) 부재(部材)의 낙하·전도 또는 붕괴를 방지하기 위한 방법
5) 공사에 사용되는 가설 철구조물 등의 설치·사용·해체 시 안정성 검토 방법
6) 작업에 종사하는 근로자의 추락 위험을 방지하기 위한 안전조치 방법

암기TIP 작작사부 공작!

 ## 교량·터널

최대지간길이 30m 이상인 콘크리트 구조 교량공사가 진행중이다.

> 1) 재교, 기구, 또는 공구 등을 올리거나 내릴 경우 사업주 준수사항 1가지
> 2) 중량물 부재를 크레인 등으로 인양하는 경우, 사업주 준수사항 1가지
> 3) 자재나 부재의 낙하·전도 또는 붕괴 등에 의하여 근로자에게 위험을 미칠 우려가 있을 경우의 사업주 준수사항 1가지

1) 근로자로 하여금 달줄, 달포대 등을 사용하도록 할 것
2) ① 부재에 인양용 고리를 견고하게 설치
　　② 인양용 로프는 부재에 2군데 이상 결속하여 인양
　　③ 중량물이 안전하게 거치되기 전까지 걸이포르 해제 금지
3) ① 출입금지 구역 설정
　　② 자재 또는 가설시설의 좌굴 또는 변형 방지를 위한 보강재 부착

 ## 교량·터널

대교건설 현장이다. 다음 물음에 답하기

> 1) 교량의 형식
> 2) 교량 공정이 다음과 같을 때 시공순서를 번호대로 나열
> 　① 케이블 설치 ② 주탑 시공 ③ 상판 아스팔트 타설 ④ 우물통 기초공사

1) 형식 : 사장교
2) 시공순서
　　④ 우물통 기초공사 → ② 주탑 시공 → ① 케이블 설치 → ③ 상판 아스팔트 타설

교량·터널

교량공사 현장이다. 교량량 상판을 좌, 우 균형을 조절하며 시공하는 모습이 보인다.

> 1) 공법 명칭
> 2) 공법 설명

1) 명칭 : F.C.M 공법(Free Cantilever Method)
2) 설명 : 교량 하부에 동바리를 사용하지 않고 특수한 가설장비를 이용하여 각 교각으로부터 좌우의 평형을 맞추면서 세그먼트를 순차적으로 접합하는 방식. 교량하부 이동이 불가능하거나 동바리 사용이 힘든 난이도가 있는 경우 주로 적용되는 공법
예) ① 해상 구간으로 선박 행을 허용하거나 수심이 깊을 경우, 홍수 위험이 클 경우
    ② 깊은 계곡
    ③ 건물, 주거지, 도로, 철도 등을 횡단하는 장경간 교량
    ④ 기반 조건이 교각 기초에 부적당한 경우
    ⑤ 그외 동바리 사용이 불가능한 경우

 ## 낙하·추락

작업자 A는 작업장 통로를 지나가다 개구부를 제대로 확인하지 못하고 추락하였다. 해당 개구부에는 별도의 방호장치가 없는 상황이다.

안전대책 3가지

1) 안전난간 설치
2) 추락방호망 설치
3) 개구부 주의표시
4) 울타리 설치
5) 덮개 설치

 ## 낙하·추락

작업발판이 없는 고소 작업 중 작업자 A가 미끄러지면서 파이프를 떨어뜨리게 되고, 작업자 B는 그 아래를 지나가다 떨어진 파이프에 맞아 쓰러진다. 현재 작업 현장에는 낙하물방지망 등 그 어떤 방호설비가 아무것도 없는 상황이다.

> 낙하 재해 방지대책 2가지

1) 낙하물방지망 설치
2) 수직보호망 설치
3) 방호선반 설치
4) 작업 반경 내 근로자 출입 금지
5) 작업자 보호구 착용

 ## 낙하·추락

엘리베이터 공사 중 피트홀이 보인다.

> 작업발판 및 통로의 끝이나 개구부로서 근로자 추락 위험이 있는 장소 방호조치 사항 3가지

1) 안전난간 설치
2) 덮개 설치
3) 울타리 설치
4) 추락방호망 설치

낙하·추락

건물 엘리베이트 피트 거푸집 공사 현장이며, 작업자가 언제든지 피트 아래로 떨어질 수 있는 상황임에도 주변에는 그 어떤 조치가 없는 상황이다.

위험상황 2가지

1) 추락방호망 미설치
2) 피트 접근차단 울타리 미설치
3) 피트 덮개 미설치
4) 안전난간 미설치
5) 수직형 추락방망 설치

낙하·추락

1. 영상에서 지칭하는 것의 명칭과 용도를 쓰시오.

1) 명칭 : 걸침고리
2) 용도 : 수평재 또는 보재를 지지물에 고정

2. 작업발판의 설치 기준에 대해 다음 빈칸을 채우시오.

작업발판의 폭은 (①)cm이상으로 하고 발판재료 간의 틈은 (②)cm이하로 할 것

① 40cm ② 3cm

113 - 115
낙하 추락

113 낙하·추락

영상에서는 처진 높이가 각기 다른 추락방호망 4개가 보인다.

산업안전보건법령상 추락방호망 설치 시 사업주 주의사항 3가지

1) 추락방호망의 설치위치는 가능하면 작업면으로부터 가까운 지점에 설치하여야 하며, 작업면으로부터 망의 설치지점까지의 수직거리는 10m를 초과하지 아니할 것
2) 추락방호망은 수평으로 설치하고, 망의 처짐은 짧은 변 길이의 12% 이상이 되도록 할 것
3) 건축물 등의 바깥쪽으로 설치하는 경우 추락방호망의 내민길이는 벽면으로부터 3m 이상 되도록 할 것.
   다만, 그물코가 20mm 이하인 추락방호망을 사용한 경우에는 제14조 3항에 따른 낙하물 방지망을 설치한 것으로 본다.

낙하·추락

산업안전보건법령상 추락방호망 설치 시 사업주 주의사항에 대해 다음 빈칸을 채우시오.

> 1) 추락방호망의 설치위치는 가능하면 작업면으로부터 가까운 지점에 설치하여야 하며, 작업면으로부터 망의 설치지점까지의 수직거리는 (   )m를 초과하지 아니할 것
> 2) 추락방호망은 수평으로 설치하고, 망의 처짐은 짧은 변 길이의 (   )% 이상이 되도록 할 것

1) 추락방호망의 설치위치는 가능하면 작업면으로부터 가까운 지점에 설치하여야 하며, 작업면으로부터 망의 설치지점까지의 수직거리는 (10)m를 초과하지 아니할 것
2) 추락방호망은 수평으로 설치하고, 망의 처짐은 짧은 변 길이의 (12)% 이상이 되도록 할 것

낙하·추락

안전모만 착용한 작업자A가 건물 외부에서 낙하물 방지망 수리를 위해 낙하물 방지망 파이프를 밟고 이동하다 추락하는 사고가 발생한다.

> 1) 추락방지 대책 1가지
> 2) 낙하물 방지망 설치기준에 대해 다음 빈칸을 채우시오
>   - 설치간격 : 높이 (①)m 이내
>   - 내민길이 : 벽면으로부터 (②)m 이상

1) 추락방지 대책 1가지
   - 안전대 착용 및 체결
   - 추락방호망 설치
2) 낙하물 방지망 설치기준에 대해 다음 빈칸을 채우시오
   - 설치간격 : 높이 (10)m 이내
   - 내민길이 : 벽면으로부터 (2)m 이상

낙하·추락

추락방호망이 화면에 전체적으로 보여주고 있다.

추락방호망 설치기준 3가지

1) 추락방호망의 설치위치는 가능하면 작업면으로부터 가까운 지점에 설치하여야 하며, 작업면으로부터 망의 설치 지점까지의 수직거리는 10m를 초과하지 아니할 것
2) 추락방호망은 수평으로 설치하고, 망의 처짐은 짧은 변 길이의 12% 이상이 되도록 할 것
3) 건축물 등의 바깥쪽으로 설치하는 경우 추락방호망의 내민 길이는 벽면으로부터 3m 이상 되도록 할 것
   다만 그물코가 20㎜ 이하인 추락방호망을 사용한 경우에는 제14조 3항에 따른 낙하물 방지망을 설치한 것으로 본다.

낙하·추락

물체가 떨어지는 것을 막는 망의 명칭과 해당 망에 대한 사업자 준수사항 2가지

1) 명칭 : 낙하물 방지망, 수직보호망
2) ① 높이 10m 이내마다 설치, 내민 길이 벽면으로부터 2m 이상으로 할 것
   ② 수평면과의 각도 20도 이상 30도 이하 유지할 것

낙하·추락

아파트 건설 현장에서 작업자 A와 B가 거푸집을 옮기던 중 실수가 발생하여, 추락방호망으로 떨어진다. 작업자 A와 B는 안전대를 착용하지 않았으며, 작업 현장에는 작업발판이나 안전난간이 전혀 보이지 않는다.

영상을 토대로 작업자 추락 위험요인 2가지
 (단, 영상에서 제시 된 안전방망, 방호선반, 안전난간 등의 설치는 제외)

1) 작업자 안전대 미착용
2) 작업발판 미설치
3) 안전난간 미설치

낙하·추락

아파트 공사 현장의 추락방호망이 화면에 나타난다.

영상과 같은 보기쉬운 장소에 방망에 관한 필수 표시사항

1) 제조자명
2) 제조년월
3) 재봉치수(방망 규격)
4) 그물코의 크기
5) 방망사의 인장 강도

 ## 낙하·추락

폭우 이후 석축이 무너진 현장이 보인다.

석축쌓기 완료 후 무너진(붕괴) 원인 3가지

1) 동결 융해
2) 시공불량(석축 자체시공 및 옹벽 뒤채움 불량)
3) 기초지반 침하
4) 상부에 과도한 토압 발생
5) 천재지변(눈사태, 폭우, 태풍, 지진 등)
6) 배수 불량으로 인한 과다 수입 발생

암기TIP ▶ 동시기상 천배!

낙하·추락

작업자 A는 구두를 신은 상태에서 임의로 대충 설치 된 발판 위에서 도색 작업을 하고 있다. 도색 작업을 하던 중 천장과 벽면만 바라보며 옆으로 이동하다 아래로 떨어진다. 해당 발판에는 안전난간이 설치되지 않았으며 아무런 방호시설 역시 없다.

화면에서 나타난 작업시 유의사항 3가지

1) 작업방법 및 자세불량
2) 작업발판 설치 불량
3) 안전난간 미설치
4) 안전대 미착용
5) 추락방호망 미설치
6) 관리감독 소홀

낙하 · 추락

넓은 강 위에 교량건설 작업이 진행중이며, 작업자가 교량 상판에서 작업 중 추락한다.

> 추락 재해 예방을 위한 안전조치 사항 2가지
> (단, 영상에서 제시 된 안전방망, 방호선반, 안전난간 등의 설치는 제외)

1) 작업자 안전대 미착용
2) 작업발판 미설치

낙하 · 추락

낙하물방지망의 한쪽 끝이 풀려 바람에 펄럭이는 장면이 보이고, 작업자 A는 이러한 낙하물방지망을 보수하기 위해 풀려 있는 낙하물방지망에 접근하는 아찔한 장면이 화면에 나타난다.

> 1) 재해발생 형태
> 2) 화면과 같은 상황에서 추락을 예방할 수 있는 필요 조치사항
> 3) 낙하물방지망의 설치는 (①)m 이내마다 설치하고, 내민 길이는 벽면으로부터 (②)m 이상으로 하며, 수평면과의 각도는 (③)도 이상 (④)도 이하를 유지 한다.

1) 재해발생 형태 : 떨어짐
2) 조치사항
   ① 추락방호망 설치
   ② 작업발판 설치
   ③ 작업자의 안전대 착용
3) ① 10m　　② 2m　　③ 20도　　④ 30도

낙하·추락

낙하물방지망의 한쪽 끝이 풀려 바람에 펄럭이는 장면이 보이고, 작업자 A는 이러한 낙하물방지망을 보수하기 위해 풀려 있는 낙하물방지망에 접근하는 아찔한 장면이 화면에 나타난다.
(신기 101번과 화면은 동일하나, 문제는 다르다는 점을 착안 하시기 바랍니다.)

추락방지용 매듭있는 방망 신품 설치 시 방망사(그물코)의 인장 강도율 기재

1) 5cm : 110kg 이상
2) 10cm : 200kg 이상

추락방호망 방망사의 신품 인장강도

그물코의 크기 (단위 : cm)	방망의 종류 (단위 : kg 이상)	
	매듭없는 방망	매듭없는 방망
10	240	200
5	–	100

추락방호망 방망사의 폐기 시 인장강도

그물코의 크기 (단위 : cm)	방망의 종류 (단위 : kg 이상)	
	매듭없는 방망	매듭없는 방망
10	150	135
5	–	60

125 도로·통로

가설통로의 경사 각도 기준을 작성하시오.

1) 30도 이하
2) 경사가 15도 초과하는 경우에는 미끄러지지 아니하는 구조로 할 것

126 도로·통로

산업안전보건법령상 작업장에 설치되는 가설통로 설치 시 준수사항 3가지

1) 견고한 구조로 할 것
2) 경사는 30도 이하로 할 것. 다만, 계단을 설치하거나 높이 2m 미만의 가설통로로서 튼튼한 손잡이를 설치한 경우에는 그러하지 아니한다.
3) 경사가 15도를 초과하는 경우에는 미끄러지지 아니하는 구조로 할 것
4) 추락할 위험이 있는 장소에는 안전난간을 설치할 것 다만, 작업상 부득이한 경우에는 필요한 부분만 임시로 해체할 수 있다.
5) 수직갱에 가설된 통로의 길이가 15m 이상인 경우에는 10m 이내마다 계단참을 설치할 것
6) 건설공사에 사용하는 높이 8m 이상인 비계다리에는 7m 이내마다 계단참을 설치할 것

 **도로·통로**

산업안전보건법령상 사다리식 통로 설치 시 준수사항 3가지

1) 견고한 구조로 할 것
2) 심한 손상, 부식 등이 없는 재료를 사용할 것
3) 발판의 간격은 일정하게 할 것
4) 발판과 벽과의 사이는 15cm 이상의 간격을 유지할 것
5) 폭은 30cm 이상으로 할 것
6) 사다리가 넘어지거나 미끄러지는 것을 방지하기 위한 조치를 할 것
7) 사다리의 상단은 걸쳐놓은 지점으로부터 60cm 이상 올라가도록 할 것
8) 사다리식 통로의 길이가 10m 이상인 경우에는 5m 이내마다 계단참을 설치할 것
9) 사다리식 통로의 기울기는 75도 이하로 할 것, 다만, 고정식사다리식 통로의 기울기는 90도 이하로 하고, 그 높이가 7m 이상인 경우에는 바닥으로부터 2.5m 되는 지점부터 등받이울을 설치할 것
10) 접이식 사다리 기둥은 사용 시 접혀지거나 펼쳐지지 않도록 철물 등을 사용하여 견고하게 조치할 것

128 도로·통로

산업안전보건법령상 안전난간 설치 시 준수사항 3가지

1) 상부 난간대, 중간 난간대, 발끝막이판 및 난간기둥으로 구성할 것,
   다만, 중간 난간대, 발끝막이판 및 난간기둥은 이와 비슷한 구조와 성능을 가진 것으로 대체할 수 있다.
2) 상부 난간대는 바닥면·발판 또는 경사로의 표면으로부터 90cm 이상 지점에 설치하고, 상부 난간대를 120cm 이하에 설치하는 경우에는 중간 난간대는 상부 난간대와 바닥면 등의 중간에 설치해야 하며, 120cm 이상 지점에 설치하는 경우에는 중간 난간대를 2단 이상으로 균등하게 설치하고 난간의 상하 간격은 60cm 이하가 되도록 할 것
   다만, 난간기둥 간의 간격이 25cm 이하인 경우에는 중간 난간대를 설치하지 않을 수 있다.
3) 발끝막이판은 바닥면등으로부터 10cm 이상의 높이를 유지할 것
   다만, 물체가 떨어지거나 날아올 위험이 없거나 그 위험을 방지할 수 있는 망을 설치하는 등 필요한 예방 조치를 한 장소는 제외한다.
4) 난간기둥은 상부 난간대와 중간 난간대를 견고하게 떠받칠 수 있도록 적정한 간격을 유지할 것
5) 상부 난간대와 중간 난간대는 난간 길이 전체에 걸쳐 바닥면 등과 평행을 유지할 것
6) 난간대는 지름 2.7cm 이상의 금속제 파이프나 그 이상의 강도가 있는 재료일 것
7) 안전난간은 구조적으로 가장 취약한 지점에서 가장 취약한 방향으로 작용하는 100kg 이상의 하중에 견딜 수 있는 튼튼한 구조일 것

129 ▶ 도로·통로

영상에서와 같이 작업장에 계단 및 계단참을 설치할 경우 준수사항에 대해 다음 빈칸을 채우시오.

> 1) 사업주는 계단 및 계단참을 설치하는 경우 매제곱미터당 (①)kg 이상의 하중에 견딜 수 있는 강도를 가진 구조로 설치하여야 하며, 안전율은 (②) 이상으로 하여야 한다.
> 2) 사업주는 계단을 설치할 때에는 그 폭을 (③)m 이상으로 하여야 한다.
> 3) 사업주는 높이가 3m를 초과하는 계단에 높이 (④)m 이내마다 진행방향으로 길이 (⑤)m 이상의 계단참을 설치하여야 한다.
> 4) 사업주는 계단을 설치하는 경우 바닥면으로부터 높이 (⑥)m 이내의 공간에 장애물이 없도록 하여야 한다.
> 5) 사업주는 높이 (⑦)m 이상인 계단의 개방된 측면에 안전난간을 설치하여야 한다.

① 500kg ② 4 ③ 1m ④ 3m ⑤ 1.2m ⑥ 2m ⑦ 1m

130 ▶ 도로·통로

작업장에 설치된 계단을 이용하던 작업자 A가 계단에 돌출된 파이프에 부딪혀 고통스러워 한다. 산업안전보건법령상 작업장에 계단 및 계단참을 설치하는 경우 사업주가 준수하여야할 사항에 대해 다음 빈칸을 채우시오.

> 사업주는 통로면으로부터 높이 ( )m 이내에는 장애물이 없도록 하여야 한다. 다만, 부득이하게 통로면으로부터 높이 ( )m 이내에 장애물을 설치할 수 밖에 없거나 통로면으로부터 ( )m 이내의 장애물을 제거하는 것이 곤란하다고 고용노동부장관이 인정하는 경우에는 근로자에게 발생할 수 있는 부상 등의 위험을 방지하기 위한 안전 조치를 하여야 한다.

빈칸에 들어갈 공통 숫자값 : 2m 이내

도로 · 통로

작업장에 가설구조물이나 개구부 등에 추락 위험을 방지하기 위해 설치한 안전난간에 대한 설명이다. 다음의 빈칸을 채우시오.

1) (①)은 바닥면등으로부터 10cm 이상의 높이를 유지할 것
2) 상부 난간대는 바닥면·발판 또는 경사로의 표면으로부터 (②) cm 이상 지점에 설치하고, 상부 난간대를 (③) cm 이하에 설치하는 경우에는 중간 난간대는 상부 난간대와 바닥면 등의 중간에 설치해야 하며, (③) cm 이상 지점에 설치하는 경우에는 중간 난간대를 2단 이상으로 균등하게 설치하고 난간의 상하 간격은(④) cm 이하가 되도록 할 것
다만, 난간기둥 간의 간격이 25cm이하인 경우에는 중간 난간대를 설치하지 않을 수 있다.

① 발끝막이판
② 90cm
③ 120cm
④ 60cm

132 - 133
도로
통로

132 ▶ 도로·통로

작업현장의 안전난간을 영상으로 보여주면서 특정 설비 부위를 가리켜 '가' 라고 표시함.

> 영상에서 표시한 '가' 부재의 명칭과 설치기준 작성

1) '가' 부재 명칭 : 발끝막이판
2) 설치기준 : 바닥면 등으로부터 10cm 이상의 높이를 유지할 것

133 ▶ 도로·통로

추락위험을 방지하기 위한 안전난간 구조물이 화면에 차례대로 나타난다.

> 안전난간 각 부위의 명칭을 쓰시오.

① 난간기둥
② 상부 난간대
③ 중간 난간대
④ 발끝막이판

 ## 도로·통로

눈이 내리는 도로에서 작업자는 눈을 치우며, 모래를 뿌리고 결빙 구간을 정리하는 등 제설 작업을 진행하고 있다.

동절기 도로 조치사항 3가지

1) 모래를 뿌린다
2) 쌓인 눈 제거
3) 얼어붙은 얼음 제거
4) 염화칼슘을 뿌려 도로의 눈이 얼지 않게 조치

도로·통로

폭설이나 한파가 왔을 때 작업장 조치사항 3가지

1) 적설량이 많을 경우 하중에 취약한 가시설 및 가설구조물 위에 쌓인 눈 제거
2) 근로자가 통행하는 통로에 눈 또는 얼음을 제거하거나 모래나 부직포 등을 이용해 미끄럼 방지조치 실시
3) 상/하수도 관로, 제수변 등에 보온시설을 설치하여 동파 또는 동결 방지
4) 근로자의 한랭질환 예방을 위해 방한용 피복을 지급

 **밀폐**

산업안전보건법령상 밀폐공간 작업 시작 전 사업주 조치사항 4가지

1) 작업 일시, 기간, 장소 및 내용 등 작업 정보
2) 관리감독자, 근로자, 감시인 등 작업자 정보
3) 산소 및 유해가스 농도의 측정결과 및 후속조치 사항
4) 작업 중 불확실성가스 또는 유해가스의 누출, 유입, 발생 가능성 검토 및 후속조치 사항
5) 작업 시 착용하여야 할 보호구의 종류
6) 비상연락체계

 **밀폐**

지하실 밀폐공간에서 방수 작업을 하던 작업자 A가 갑자기 쓰러진 모습이 화면에 보인다.

안전대책 2가지

1) 작업자에게 공기호흡기 또는 송기 마스크를 지급하여 착용하도록 한다.
2) 사업주는 밀폐공간에서 작업을 진행하는 경우에 작업 시작 전과 작업 중에 적정 공기 상태가 유지되도록 환기해야 한다.

138 밀폐

작업자 3명이 흡연 후 그 중 2명이 맨홀을 열고 지하 밀폐공간으로 들어가 작업을 한다. 화면에서 시계가 비춰지며 일정 시간이 지나갔음을 알 수 있고, 맨홀 바깥에 있던 1명의 작업자가 이상을 감지. 맨홀 아래 밀폐 공간을 확인하니 2명의 작업자가 이미 쓰러져 있는 모습을 발견한다.

1) 산소결핍 기준
2) 밀폐공간에서의 작업 시 문제점 3가지
3) 산소결핍 방지대책 3가지

1) 산소결핍 기준 : 공기 중 산소 농도가 18% 미만인 경우
2) 밀폐공간에서의 작업 시 문제점 3가지
　① 작업 시작 전 산소농도 및 유해가스 농도 측정 미실시
　② 국소배기장치의 전원부에 잠금장치 미설치 및 감시인 미배치
　③ 산소결핍 위험 장소 입장 시 호흡용 보호구 미지급, 미착용
3) 산소결핍 방지대책 3가지
　① 작업 시작 전 산소농도 및 유해가스 농도를 측정, 산소농도가 18% 미만 일시 수시로 환기
　② 국소배기장치의 전원부에 잠금장치를 설치하고 감시인을 배치
　③ 산소결핍 위험 장소 입장 시 호흡용 보호구 착용

139 밀폐

영상은 우물통(밀폐공간) 작업 현장이 보여진다.

산업안전보건법령 상 밀폐공간(잠함, 우물통, 수직갱 등) 굴착 작업시 사업주 준수 사항 3가지

1) 산소 결핍 우려가 있는 경우에는 산소의 농도를 측정하는 사람을 지명하여 측정하도록 할 것
2) 근로자가 안전하게 오르내리기 위한 설비를 설치할 것
3) 굴착 깊이가 20m를 초과하는 경우에는 해당 작업장소와 외부와의 연락을 위한 통신 설비 등을 설치할 것

140 밀폐

산업안전보건법령상 근로자가 상시 분진작업에 관련된 업무를 하는 경우 사업주가 근로자에게 알려야 하는 사항 3가지

1) 분진의 유해성과 노출경로
2) 분진의 발산 방지와 작업장의 환기 방법
3) 작업장 및 개인위생 관리
4) 호흡용 보호구의 사용 방법
5) 분진에 관련된 질병 예방 방법

141 밀폐

산업안전보건법령상 인화성 가스 발생 우려가 있는 지하작업장에서 폭발이나 화재를 방지하기 위해 가스 농도를 측정하는 사람을 지명하고 가스 농도를 측정하도록 해야 하는 경우 3가지

1) 매일 작업을 시작하기 전
2) 가스의 누출이 의심되는 경우
3) 가스가 발생하거나 정체할 위험이 있는 장소가 있는 경우
4) 장시간 작업을 계속하는 경우(이 경우 4시간 마다 가스 농도를 측정하여야 한다.)

 ## 보호구·방호장치·와이어로프

건설현장에서 작업이 진행중이다.

(①) : 물체가 떨어지거나 날아올 위험 또는 근로자가 추락할 위험이 있는 작업
(②) : 높이 또는 깊이 2m 이상의 추락할 위험이 있는 장소에서 하는 작업
(③) : 물체가 흩날릴 위험이 있는 작업
(④) : 고열에 의한 화상 등의 위험이 있는 작업

① 안전모
② 안전대
③ 보안경
④ 방열복

보호구·방호장치·와이어로프

석재 공사 중 아무런 장치가 없는 최상부 비계 위에서 작업자 A는 안전대 착용 없이, 일반 그늘모자(등산 모자)를 쓰고 작업중이며, 석재를 절단할 때 연삭기에는 덮개가 없다.

> 위험요인 2가지

1) 안전모 및 안전대 등 개인 보호구 미착용
2) 연삭기 덮개 미부착
3) 비계 안전난간 미설치
4) 보안경 및 방진마스크 미착용

보호구·방호장치·와이어로프

안전모를 쓴 작업자 A는 말비계 위에서 콘크리트 벽면을 브레이커 장비로 철거 작업을 하고 있으며, 주변은 분진이 심한 상황이다.

> 작업자를 위한 착용 보호구 2가지 작성 (안전대, 안전화 제외)

1) 방진마스크   2) 보안경

145 보호구·방호장치·와이어로프

작업자 A는 안전대를 전주에 체결하여 고소작업을 진행하고 있다.

1) 화면에서 근로자가 착용한 안전대 종류 작성
2) 해당 안전대의 용도 작성

1) 종류 : 벨트식
2) 용도 : U자 걸이 전용

146 보호구·방호장치·와이어로프

타워크레인으로 합판을 1줄걸이로 인양중이며, 그 아래에 작업자 A는 아무런 통제 없이 지나가다 하물이 떨어지는 사고가 발생했다.

1) 영상에서 확인 된 재해 발생원인 1가지
2) 공칭지름 20mm 와이어로프가 지름 18mm일때 폐기여부 판단
3) 와이어로프의 매다는 각도 작성

1) 재해 발생원인
　① 근로자 출입 통제 미실시로 근로자 머리 위로 인양 하물이 지나감
　② 하물을 허술하게 1줄걸이로 인양하였음, 안전하게 2줄걸이로 인양해야 함
2) 폐기여부
　① 와이어로프 폐기 기준 : 지름의 감소가 공칭지름의 7% 초과한 경우
　② 따라서 (20-18) × 100/ 20 = 10% 감소로 7% 초과하여 폐기해야 함
3) 와이어로프 매다는 각도
　① 60도

147 보호구·방호장치·와이어로프

작업자 A가 호이스트 조작버튼을 누르며 작동 여부를 점검하고 있다.

호이스트 방호장치 5가지

1) 권과방지장치
2) 과부하방지장치
3) 제동장치
4) 비상정지장치
5) 훅 해지장치

148 보호구·방호장치·와이어로프

타워크레인으로 하물을 인양하는 모습이 화면에 나타난다.

영상에서 나온 건설기계의 방호장치 5가지

1) 권과방지장치
2) 과부하방지장치
3) 제동장치
4) 비상정지장치
5) 훅 해지장치

149 – 150

보호구
방호장치
와이어로프

 **149** **보호구 · 방호장치 · 와이어로프**

영상에서 보이는 와이어로프 클립 체결 방법 중 가장 올바른 것과 주어진 와이어로프 직경에 따른 클립수 작성

 적합
 부적합
 부적합

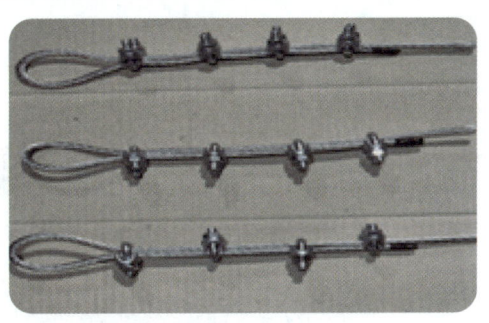

1) a 적합
2) 클립수

16mm 이하	16~28mm	28mm 초과
4개	5개	6개

 **보호구·방호장치·와이어로프**

산업안전보건법령상 항타기 또는 항발기의 양중기에 사용하는 권상용 와이어로프의 사용제한 조건 3가지

1) 꼬인 것
2) 지름의 감소가 공칭지름의 7%를 초과한 것
3) 와이어로프의 한 꼬임에서 끊어진 소선의 수가 10% 이상인 것
4) 열 또는 전기충격에 의해 손상된 것
5) 심하게 변형되거나 부식된 것
6) 이음매가 있는 것

암기TIP 꼬지와 열심이

151-152
비계
동바리
철골

 ## 비계·동바리·철골

산업안전보건법령상 이동식 비계 조립 작업 시 사업주 준수사항 3가지

1. 승강용사다리는 견고하게 설치할 것
2. 작업발판은 항상 수평을 유지하고 작업발판 위에서 안전난간을 딛고 작업을 하거나 받침대 또는 사다리를 사용하여 작업하지 않도록 할 것
3. 비계의 최상부에서 작업을 하는 경우에는 안전난간을 설치할 것
4. 작업발판의 최대적재하중은 250kg을 초과하지 않도록 할 것
5. 이동식비계의 바퀴에는 뜻밖의 갑작스러운 이동 또는 전도를 방지하기 위하여 브레이크·쐐기 등으로 바퀴를 고정시킨 다음 비계의 일부를 견고한 시설물에 고정하거나 아웃트리거를 설치하는 등 필요한 조치를 할 것

 ## 비계·동바리·철골

작업자가 이동식 비계를 이용하여 내려오던 중 이동식 비계가 흔들리더니 결국 떨어지는 사고가 발생한다.

1) 작업발판의 최대적재하중
2) 영상에서 지적하는 장치의 명칭

1) 250kg
2) 아웃트리거

 ## 비계·동바리·철골

비계를 이용한 작업현장이 보인다.

1) 작업자가 사용하는 비계의 종류
2) 비계의 높이가 2미터 이상일 경우 작업발판의 폭
3) 지주부재와 수평면의 기울기

1) 비계 종류 : 말비계
2) 작업발판의 폭 : 40cm 이상
3) 기울기 : 75도 이상

 ## 비계·동바리·철골

이동식 비계 작업중 작업자 추락 재해가 발생했다. 재해발생 원인 3가지

1) 이동식 비계의 바퀴를 브레이크 및 쐐기 등으로 고정시키지 않아 흔들림
2) 작업자 안전대 미착용
3) 비계 최상부 안전난간 미설치

 ## 비계·동바리·철골

이동식 비계를 이용하여 거푸집을 설치하고 있다. 이동식 비계와 관련해 다음의 빈칸을 채우시오.

1) 이동식 비계의 바퀴에는 뜻밖의 갑작스러운 이동 또는 넘어짐(전도)을 방지하기 위하여 (①) 등으로 바퀴를 고정시킨 다음 비계의 일부를 견고한 시설물에 고정하거나 (②)를 설치하는 등 필요한 조치를 할 것
2) 비계의 최상부에서 작업을 하는 경우에는 (③)을 설치할 것

① 브레이크, 쐐기
② 아웃트리거(Outrigger)
③ 안전난간

비계·동바리·철골

이동식 비계를 이용한 작업중 비계가 흔들리다 작업자가 추락한 사고가 발생한다.

이동식 비계 바퀴의 갑작스러운 이동 또는 넘어짐 방지를 위해 브레이크, 쐐기 등으로 바퀴를 고정하는 장치의 이름은?

아웃트리거

비계·동바리·철골

이동식 비계를 이용한 작업중 비계가 흔들리다 작업자가 추락한 사고가 발생한다.

이동식 비계 올바른 설치 기준 3가지

1) 승강용사다리는 견고하게 설치할 것
2) 작업발판은 항상 수평을 유지하고 작업발판 위에서 안전난간을 딛고 작업을 하거나 받침대 또는 사다리를 사용하여 작업하지 않도록 할 것
3) 비계의 최상부에서 작업을 하는 경우에는 안전난간을 설치할 것
4) 작업발판의 최대적재하중은 250 kg을 초과하지 않도록 할 것
5) 이동식비계의 바퀴에는 뜻밖의 갑작스러운 이동 또는 전도를 방지하기 위하여 브레이크·쐐기 등으로 바퀴를 고정시킨 다음 비계의 일부를 견고한 시설물에 고정하거나 아웃트리거를 설치하는 등 필요한 조치를 할 것

비계·동바리·철골

작업자 A가 2m 이상 높은 곳에서 비계를 이용하여 작업을 하고 있다.

작업자를 위한 개인 보호구(단, 안전모는 제외함)

안전대

# 156　비계·동바리·철골

작업자가 외부비계를 타고 올라가다 떨어지는 사고가 발생한 장면이 나타났다.

1) 재해형태
2) 위험요인 3가지
3) 안전대책 3가지

1) 재해형태 : 떨어짐
2) 위험요인
　　① 추락방호망 미설치
　　② 작업발판 미설치
　　③ 안전대 미착용
　　④ 지정된 통로 미 이용
　　⑤ 비계 상에 사다리 및 비계다리 등 승강시설 미설치
　　⑥ 울, 손잡이, 충분한 강도의 발판 미설치
3) 안전대책
　　① 추락방호망 설치
　　② 작업발판 설치
　　③ 안전대 착용
　　④ 지정된 통로 이용
　　⑤ 비계 상에 사다리 및 비계다리 등 승강시설 설치
　　⑥ 울, 손잡이, 충분한 강도의 발판 설치

 **비계·동바리·철골**

철골 기둥을 타고 올라가 앵커 볼트를 고정하는 모습이 영상에 나온다.

> 문제 유형1) 철골기둥을 앵커볼트에 고정시킬 때 준수사항 2가지
> 문제 유형2) 와이어로프로 철골을 인양하고 앵커 볼트에 고정한 후 인양 와이어로프를 제거할 때 준수사항 2가지

1) 기둥의 인양은 고정시킬 바로 위에서 일단 멈춘 다음 손이 닿을 위치까지 내리도록 한다.
2) 앵커 볼트의 바로 위까지 흔들임이 없도록 유도하면서 방향을 확인하고 천천히 내려야 한다.
3) 기둥 베이스 구멍을 통해 앵커 볼트를 보면서 정확히 유도하고, 볼트가 손상되지 않도록 조심스럽게 제자리에 위치시켜야 한다. 이때 손, 발이 끼지 않도록 주의한다.
4) 바른 위치에 잘 들어갔는지 확인하고 앵커 볼트 전체의 균형을 유지하면서 확실히 조여야 한다.
5) 인양 와이어 로우프를 제거하기 위하여 기둥위로 올라갈 때 또는 기둥에서 내려올 때는 기둥의 트랩을 이용하여야 한다.
6) 인양 와이어 로우프를 풀어 제거할 때에는 안전대를 사용해야 하며 샤클핀이 빠져 떨어지는 일등이 발생하지 않도록 주의해야 한다.

 ## 비계·동바리·철골

철골구조물 건립 공사현장에서 복장 불량의 작업자가 승강용 트랩을 타고 위로 올라간다.

철골 기둥제작시 부착설비 구조 기준

1) 사용가능 철근의 규격 : 16mm
2) 트랩 설치 간격 : 30cm 이내
3) 트랩 설치 폭 : 30cm 이상

 ## 비계·동바리·철골

비계작업 중 위에서 일하던 작업자 A가 파이프를 놓쳐 때마침 현장을 지나가던 다른 작업자 B에게 맞는 아찔한 상황이 화면에 나타난다.

재해 발생 원인 3가지

1) 작업현장 내 관계자외 출입통제 미실시
2) 작업자의 안전모 등 개인 보호구 미착용
3) 낙하물방지망 및 안전난간 미설치

160 비계·동바리·철골

산업안전보건법령상 동바리를 조립하는 경우,
하중의 지지상태 유지를 위한 사업주 조치사항 3가지

1) 받침목이나 깔판의 사용, 콘크리트 타설, 말뚝박기 등 동바리의 침하를 방지하기 위한 조치를 할 것
2) 동바리의 상하 고정 및 미끄러짐 방지 조치를 할 것
3) 상부, 하부의 동바리가 동일 수직 선상에 위치하도록 하여 깔판, 받침목에 고정시킬 것
4) 개구부 상부에 동바리를 설치하는 경우에는 상부하중을 견딜 수 있는 견고한 받침대를 설치할 것
5) U헤드 등의 단판이 없는 동바리의 상단에 멍에 등을 올릴 경우에는 해당 상단에 U헤드 등의 단판을 설치하고, 멍에 등이 전도되거나 이탈되지 않도록 고정시킬 것
6) 동바리의 이음은 같은 품질의 재료를 사용할 것
7) 강재의 접속부 및 교차부는 볼트, 클램프 등 전용 철물을 사용하여 단단히 연결할 것
8) 거푸집의 형상에 따른 부득이한 경우를 제외하고는 깔판이나 받침목은 2단 이상 끼우지 않도록 할 것
9) 깔판이나 받침목을 이어서 사용하는 경우에는 그 깔판, 받침목을 단단히 연결할 것

161 비계·동바리·철골

동바리로 사용하는 파이프 서포트의 경우, 사업주 준수사항에 대해 다음 빈칸을 채우시오.

1) 파이프 서포트를 (①)개 이상 이어서 사용하지 않도록 할 것
2) 파이트 서포트를 이어서 사용하는 경우에는 (②)개 이상의 볼트 도는 전용 철물을 사용하여 이을 것
3) 높이가 (③)m를 초과하는 경우에는 높이 2m 이내 마다 수평연결재를 2개 방향으로 만들고 수평연결재의 변위를 방지할 것

① 3개　　　　　② 4개　　　　　③ 3.5m

 ## 비계·동바리·철골

영상에서는 비계의 조립 및 해체 화면이 나온다.

> 비계의 조립 및 해체 시 조치사항 3가지
> (또는 기둥, 보, 벽체, 슬래브 등의 거푸집 및 동바리 조립/해체 시 준수사항 3가지)

1) 해당 작업을 하는 구역에는 관계 근로자가 아닌 사람의 출입을 금지할 것
2) 비, 눈, 그 밖의 기상상태의 불안정으로 날씨가 몹시 나쁜 경우에는 그 작업을 중지할 것
3) 재료, 기구 또는 공구 등을 올리거나 내리는 경우에는 근로자로 하여금 달줄, 달포대 등을 사용하도록 할 것
4) 낙하, 충격에 의한 돌발적 재해를 방지하기 위하여 버팀목을 설치하고 거푸집 및 동바리를 인양장비에 매단 후에 작업을 하도록 하는 등 필요한 조치를 할 것

 비계·동바리·철골

명칭	강관틀비계 재료
①	
②	
③	
④	

영상에서 보인 강관틀비계 구성 요소 명칭

1) 교차가세
2) 수평재
3) 주틀
4) 작업발판

164 비계·동바리·철골

1. 산업안전보건법령상 강관비계에 대해 다음 빈칸을 채우시오
1) 수직 길이 : (①)m 이하
2) 수평 길이 : (②)m 이하

2. 비계기둥 간의 최대적재하중 기준

1. ① 2m 이하   ② 1.85m 이하
2. 400kg

165 비계·동바리·철골

산업안전보건법령상 동바리 조립 시 동바리 침하를 방지하기 위한 사업주 조치사항 2가지

1) 받침목이나 깔판
2) 콘크리트 타설
3) 말뚝박기

 ## 비계·동바리·철골

1) 강관비계와 건물이 연결된 철물의 명칭과
2) 해당 철물 설치기준 2가지

1) 명칭 : 벽이음
2) 설치기준
   - 수직방향으로 6m 이내
   - 수평방향으로 8m 이내

 ## 비계·동바리·철골

강관비계 설치 현장이다. 비계기둥 하부구가 미끄럼 방지조치가 되어 있지 않으며, 맨땅 흙바닥에 깔판이 누락된 곳이 보인다. 비계기둥은 깔판 전체가 아닌 모서리 부분만 받치고 있다.

위험사항과 해결방안을 각 1가지 작성

1) 위험사항 : 비계기둥 기초 보강 미실시
2) 해결방안 : 비계기둥 하부를 충분히 다진 후 깔판과 받침목을 평탄하게 설치

 ## 비계·동바리·철골

강관비계 작업현장이다.

강관비계 설치 및 조립 시 준수사항 2가지

1) 강관의 접속부 또는 교차부는 적합한 부속철물을 사용하여 접속하거나 단단히 묶을 것
2) 가공전로에 근접하여 비계를 설치하는 경우에는 가공전로를 이설하거나 가공전로에 절연용 방호구를 장착하는 등
   가공전로와의 접촉을 방지하기 위한 조치를 할 것
3) 외줄비계, 쌍줄비계 또는 돌출비계에 대해서는 벽이음 및 버팀을 설치할 것
4) 비계기둥에는 미끄러지거나 침하하는 것을 방지하기 위하여 밑받침 철물을 사용하거나 깔판, 받침목을 사용하여 밑둥잡이를 설치하는 등의 조치를 할 것
5) 교차가새로 보강할 것

암기TIP 강가외 비교

비계·동바리·철골

강관비계 설치 현장이다.

파이프 서포트(비계기둥)이 미끄러지거나 침하 방지를 위한 조치 3가지

1) 밑받침철물 사용
2) 깔판 사용
3) 받침목 사용

비계·동바리·철골

강관비계 설치 현장이다. 산업안전보건법령상 강관비계 설명에 대해 다음 빈 칸을 채우시오.

1) 비계기둥에는 미끄러지거나 (①) 하는 것을 방지하기 위하여 밑받침철물을 사용하거나 깔판, 받침목 등을 사용하여 밑둥잡이를 설치하는 등의 조치를 할 것
2) 강관의 접속부 또는 교차부는 적합한 (②)을 사용하여 접속하거나 단단히 묶을 것
3) 외줄비계, 쌍줄비계 또는 돌출비계에 대해서는 (③) 및 (④)을 설치하도록 한다.

① 침하　　② 부속철물　　③ 벽이음　　④ 버팀

170 비계·동바리·철골

강관비계 설치 현장이다. 산업안전보건법령상 강관틀비계 설치기준에 대해 다음 빈 칸을 채우시오.

1) 비계기둥의 밑둥에는 밑받침 철물을 사용하여야 하며 밑받침 고저차(高低差)가 있는 경우에는 조절형 밑받침철물을 사용하여 각각의 강관틀비계가 항상 수평 및 수직을 유지하도록 할 것
2) 높이가 20m를 초과하거나 중량물의 적재를 수반하는 작업을 할 경우에는 주틀 간의 간격을 (①)m 이하로 할 것
3) 주틀 간에 (②)를 설치하고 최상층 및 5층 이내마다 수평재를 설치할 것
4) 수직방향으로 6m, 수평방향으로 (③)m 이내마다 벽이음을 할 것
5) 길이가 띠장 방향으로 4m 이하이고 높이가 10m를 초과하는 경우에는 (④)m 이내마다 띠장 방향으로 버팀기둥을 설치할 것

① 1.8m ② 교차 가새 ③ 8m ④ 10m

 ## 비계·동바리·철골

산업안전보건법령상 강관비계 설명에 대해 다음 빈 칸을 채우시오.

> 1) 띠장 간격은 (①)m 이하로 설치할 것
> 2) 비계기둥의 간격은 띠장 방향에서는 1.85m 이하, 장선 방향에서는 (②)m 이하로 할 것
> 3) 비계기둥의 제일 윗부분으로부터 31m 되는 지점 밑 부분의 비계기둥은 (③)개의 강관으로 묶어 세울 것
> 4) 비계기둥 간의 적재하중은 (④)kg을 초과하지 않도록 할 것

① 2m
② 1.5m
③ 2개
④ 400kg

172-173
비계
동바리
철골

 ## 비계·동바리·철골

시스템 비계가 설치 된 장소이다. 시스템 비계의 설치와 관련된 다음 설명의 빈칸을 작성하시오.

> 1) 수직 및 수평하중에 대해 동바리의 구조적 안정성이 확보되도록 조립도에 따라 수직재 및 수평재에는 (①)를 견고하게 설치할 것
> 2) 동바리 최상단과 최하단의 수직재와 받침철물은 서로 밀착되도록 설치하고 수직재와 (②)의 연결부의 겹침길이는 받침철물 전체길이의 (③) 이상 되도록 할 것

① 가새재
② 받침철물
③ 3분의 1

 ### 173 비계·동바리·철골

시스템 비계 조립 시 사업주 준수사항에 대해 다음 빈 칸을 채우시오.

> 1) 비계 기둥의 밑둥에는 밑받침 철물을 사용하여야 하며, 밑받침에 고저차가 있는 경우에는 조절형 밑받침 철물을 사용하여 시스템 비계가 항상 수평 및 수직을 유지하도록 할 것
> 2) 경사진 바닥에 설치하는 경우에는 (①) 또는 (②) 등을 사용하여 밑받침 철물의 바닥면이 수평을 유지하도록 할 것
> 3) 가공전로에 근접하여 비계를 설치하는 경우에는 가공전로를 이설하거나 가공전로에 (③)를 설치하는 등 가공전로와의 접촉을 방지하기 위하여 필요한 조치를 할 것
> 4) 비계 내에서 근로자가 상하 또는 좌우로 이동하는 경우에는 반드시 지정된 통로를 이용하도록 주지시킬 것
> 5) 비계 작업 근로자는 같은 수직면상의 위와 아래 동시 작업을 금지할 것
> 6) 작업발판에는 제조사가 정한 (④)을 초과하여 적재해서는 아니 되며, (④)이 표기된 표지판을 부착하고 근로자에게 주지시키도록 할 것

① 피벗형 받침 철물
② 쐐기
③ 절연용 방호구
④ 최대적재하중

 ### 174 비계·동바리·철골

비계 벽이음을 위해 삼각형 부재를 벽에 설치하고 있다.

> 삼각형 부재의 명칭

브라켓(Bracket) – 현장 용어 : 까치발

 ## 비계·동바리·철골

비계의 흔들림과 붕괴를 방지하기 위해 비계를 콘크리트 벽체와 연결하는 벽이음철물을 고정한 모습이 보인다.

벽이음철물 역할 2가지

1) 비계 전체 좌굴 방지   *좌굴 : 압축력에 의해 휘어지는 현상, 탄성불안정현상
2) 풍하중에 의한 무너짐 방지
3) 편심하중에 의한 무너짐 방지

 ## 비계·동바리·철골

비계 조립, 해체 작업 중 비계발판을 아무생각 없이 아래로 던져 아래에 있던 작업자 A가 놀랐다.

재해 예방 준수사항 3가지

1) 해체한 비계를 아래로 내릴 때는 달줄 또는 달포대를 사용한다.
2) 작업반경 내 출입금지구역을 설정, 근로자의 출입을 금지한다.
3) 작업근로자에게 안전모 등 개인보호구를 지급하고 착용상태를 확인한다.
4) 작업발판을 설치한다.
5) 안전대 부착설비 설치 및 안전대를 착용한다.

 ## 비계·동바리·철골

철근공사 현장이다. 별도의 안전통로가 확보되지 않은 상황에서 작업자는 일반 운동화를 착용한 상태에서 철근을 밟고 이동하며, 안전대도 착용하지 않았다.

> 위험요인 4가지

① 안전발판 및 가설통로 미설치
② 안전화 미착용
③ 철근 앤드캡 미설치(철근 찔림 방지 미흡)
④ 실족방지망 미설치

 ## 비계·동바리·철골

철근공사 현장이다. 철근이 녹이 쓸어 있고, 휑한 느낌의 장면을 보여준다.

1) 노출된 철근의 보호 방법 3가지
2) 철근 작업자 준수 사항 3가지

1) 노출된 철근의 보호 방법 3가지
    ① 철근에 비닐 등을 덮어 빗물이나 습기를 차단
    ② 철근의 변위·변형을 방지하기 위한 철사 등으로 묶음
    ③ 방청도료를 사용, 철근 부식 방지
2) 철근 작업자 준수 사항 3가지
    ① 2인 이상이 1조가 되어 어깨메기로 하여 운반하는 등 안전을 도모하여야 한다.
    ② 운반할 때에는 양끝을 묶어 운반하여야 한다.
    ③ 1인당 무게는 25kg 정도가 적절하며, 무리한 운반을 삼가야 한다.
    ④ 내려놓을 때에는 천천히 내려놓고 던지지 않아야 한다.
    ⑤ 공동작업 할 때에는 신호에 따로 작업을 하여야 한다.

 ## 비계·동바리·철골

크레인을 이용하여 H빔 철골을 운반, 철골을 설치하는 장면과 와이어로프 해체장면이 집중적으로 보인다.

와이어로프를 해체할 때 준수사항 2가지

1) 안전대를 사용, 보위를 이동하여야 함
2) 안전대를 설치할 구명줄은 보의 설치와 동시에 기둥간에 설치해야 함

180   비계·동바리·철골

철골 작업 시 작업을 중지하여야 하는 기후조건 3가지

1) 풍속 : 초당 10m 이상인 경우
2) 강우량 : 시간당 1mm 이상인 경우
3) 강설량 : 시간당 1cm 이상인 경우

181   비계·동바리·철골

철골 구조물 공사현장이다. 바람이 심하게 불어 각종 기자재가 흩날리고 있다.

강풍 등 외부 영향에 대한 내력이 설계에 반영되었는지 확인할 대상 구조물 3가지

1) 높이 20m 이상 구조물
2) 이음부가 현장용접인 구조물
3) 기둥이 타이플레이트(Tie plate)형인 구조물
4) 구조물의 폭과 높이의 비율이 1:4 이상인 구조물
5) 연면적당 철골양이 50kg/m^2 이하인 구조물
6) 단면 구조에 현저한 차이가 있는 구조물

182 비계·동바리·철골

철골작업시 주로 사용하며, 작업발판을 만드는 비계로 상하 이동을 할 수 없는 구조이다.

영상을 참고하여 다음의 물음에 답하기

1) 비계 명칭 : 달대비계
2) 비계 하중 최소 안전계수 : 8 이상
3) 철근 사용 시 최소 공칭지름 : 19mm
4) 비계를 매다는 철선(소성철선)의 호칭치수 : #8

183 비계·동바리·철골

안전모만 착용한 작업자 A는 높은 곳에서 철골작업 중 철골 구조물에 발이 걸려 추락했다. 작업자 A는 안전대를 착용하지 않았으며, 추락방호망과 수직형 추락방망 또한 보이지 않는다.

위험요인 2가지

1) 가설통로 미확보
2) 안전대 부착설비 미보유
3) 추락방호망 미설치

 ## 비계·동바리·철골

심하게 오염되고 낡은 말비계가 등장한다.

1. 영상에서 작업자가 사용한 비계 명칭
2. 산업안전보건법령상 비계 조립 시 사업자 준수사항에 대해 다음 빈칸을 채우시오.
1) 지주부재와 수평면의 기울기를 (①)도 이하로 하고, 지주부재와 지주부재 사이를 고정시키는 보조부재를 설치할 것
2) 말비계의 높이가 (②)m를 초고하는 경우엔느 작업발판의 폭을 40cm 이상으로 할 것

1. 말비계
2. ① 75도 　　　　② 2m

용접

상수도관 매설 현장에서 한쪽에서는 양수기를 이용하여 물을 빼는 작업이 진행 중이고, 다른 한쪽에서는 작업자들이 배관에 용접을 하고 있다. 용접기에는 아무런 방호장치가 없으며, 작업자 역시 보호구도 전혀 착용하지 않은 무방비 상황의 영상이 보인다.

1) 용접 작업 시 작업자가 착용해야 할 보호구 종류 4가지
2) 교류아크용접장치의 방호장치
3) 용접 작업중 감전 대책 3가지

1) 용접용 보호구
 ① 용접용 장갑
 ② 용접용 보안면
 ③ 용접용 앞치마
 ④ 용접용 안전화

2) 교류아크용접장치의 방호장치 : 자동전격방지장치

3) 용접작업 중 감전대책 3가지
 ① 용접 작업자는 절연보호구를 착용한다.
 ② 용접기의 전원개폐기는 가까운 곳에 설치한다.
 ③ 충분한 용량을 가진 단락 접지 기구를 이용하여 접지한다.
 ④ 자동전격방지장치를 설치한다.

186 용접

용접 작업 시 사용되는 가스용기들이 다양한 크기와 색상으로 세워져 있는 모습이 보인다.

가스용기 취급 시 준수사항 5가지

1) 충격을 가하지 않도록 할 것
2) 넘어지지 않도록 잘 세워둘 것
3) 운반하는 경우에는 캡을 씌울 것
4) 용기의 온도를 40도씨 이하로 유지할 것
5) 밸브의 개폐는 천천히 진행할 것
6) 용기의 부식, 마모, 또는 변형 상태를 점검한 후 사용할 것
7) 사용전 또는 사용중인 용기와 그 밖의 용기를 명확히 구별하여 보관할 것
8) 사용하는 경우 용기의 마개에 부착되어 있는 유류 및 먼지를 제거할 것
9) 통풍이나 환기가 불충분한 장소, 화기를 사용하는 장소 및 그 부근, 위험물 또는 인화성 액체를 취급하는 장소 및 그 부근에서 사용하거나 설치, 저장 또는 방치하지 않도록 할 것

187 용접

작업자 A는 맨손으로 아크 용접을 하고 있으며, 운반 차량이 녹색가스용기 2개와 회색 가스용기 1개를 싣고 온다. 해당 가스용기 상단에는 캡이 덮여 있지 않다는 것을 화면 확대로 알 수 있다.
운전자는 용접 작업장소 바로 옆에 차량을 주차한 후 회색 가스통을 던지듯이 내려 놓았으며, 잠시 후 용접 불티로 인해 현장은 폭발 사고가 발생한다.

> 화면에서 확인 된 용접 작업과 가스용기 운반 시 문제점을 각 3개씩 작성

1) 용접작업 문제점
  ① 작업자의 용접용 장갑 미착용
  ② 용접기 주변 불티방지망 미설치
  ③ 용접작업 장소에서 가스용기를 방치함

2) 가스용기 운반 문제점
  ① 가스용기 운반 시 캡 미부착
  ② 가스 용기 취급 시 충격을 가하는 등 관리 부주의
  ③ 가스 용기가 넘어질 가능성

188 용접

작업자 A는 높은 곳에서 작업발판이 불안정함에도 불구하고 용접용 보안면을 착용하고 가스 용접을 하고 있다.

> 금속의 용접, 용단 또는 가열 작업 시 가스 누출 또는 방출에 의한 폭발, 화재 및 화상을 예방하기 위한 준수사항 3가지

1) 가스 등의 호스와 취관은 손상, 마모 등에 의하여 가스 등이 누출할 우려가 없는 것을 사용할 것
2) 가스 등의 취관 및 호스 등의 상호 접촉 부분은 호스밴드, 호스클립 등 조임 기구를 사용하여 가스 등이 누출되지 않도록 할 것
3) 가스 등의 호스에 가스 등을 공급하는 경우에는 미리 그 호스에서 가스 등이 방출되지 않도록 필요한 조치를 할 것
4) 가스 등의 분기관은 전용 접속 기구를 사용하여 불량 체결을 방지하여야 하며, 서로 이어지지 않는 구조의 접속 기구를 사용, 서로 다른 색상의 배관, 호스의 사용 및 꼬리표 부착 등을 통하여 서로 다른 가스 배관과의 불량 체결을 방지할 것
5) 작업을 중단하거나 작업 종료 후 작업 장소를 떠날 경우에는 가스 등의 공급구의 밸브나 콕을 반드시 잠글 것
6) 용단 작업을 하는 경우에는 취관으로부터 산소의 과잉 방출로 인한 화상을 예방하기 위하여 근로자가 조절 밸브를 서서히 조작하도록 주지시킬 것
7) 사용 중인 가스등을 공급하는 공급구의 밸브나 콕에는 그 밸브나 콕에 접속된 가스 등의 호스를 사용하는 사람의 명찰을 붙이는 등 가스 등의 공급에 대한 오조작을 방지하기 위한 표시를 할 것

전기·감전

작업장에서 임시로 사용하는 전등의 전구가 파손되어 불이 들어오지 않아 작업자 A가 전구를 교체하려던 중 감전 사고가 발생했다.

위험 방지 대책 2가지

1) 전기 스위치를 내린 후(전원을 차단한 후) 전구를 교체한다.
2) 전구의 이탈방지 및 파손 방지를 위해 보호망을 부착한다.

전기·감전

철골용접 작업장에서 작업자 A는 전기 사용을 위해 콘센트에 용접기를 연결하고 있다. 전기기계에 설치된 누전차단기가 화면에서 반복, 확대된다.
다음 설명의 빈칸을 채우시오.

전기기계·기구에 설치되어 있는 누전차단기는 정격감도 전류가 (①)mA 이하이고 작동시간은 (②)초 이내이어야 한다.

① 30mA　　　　② 0.03초

 ## 전기·감전

작업자 A는 전기기기 사용을 위해 꽂음접속기에 플러그를 연결하려다 감전되었다. 쓰러진 작업자 A의 손은 땀에 젖어 있으며, 작업복에도 역시 온통 땀으로 얼룩져 있다.

꽂음접속기 설치 및 사용시 주의사항 3가지

1) 근로자가 해당 꽂음접속기를 접속시킬 경우에는 땀 등으로 젖은 손으로 취급하지 않도록 할 것
2) 서로 다른 전압의 꽂음접속기는 서로 접속되지 아니한 구조의 것을 사용할 것
3) 습윤한 장소에 사용되는 꽂음접속기는 방수형 등 그 장소에 적합한 것을 사용할 것
4) 해당 꽂음접속기에 잠금장치가 있는 경우에는 접속 후 잠그고 사용할 것

암기TIP 근서습해!

전기·감전

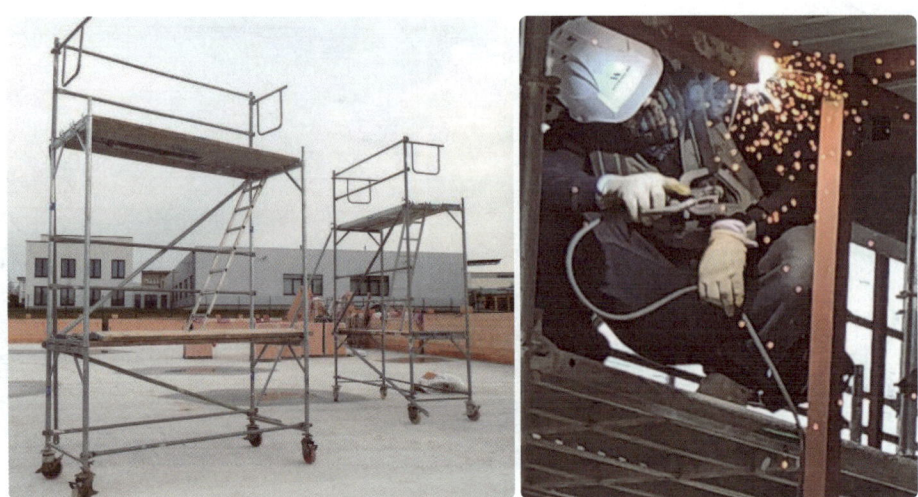

작업자 A는 계단이 없는 이동식 비계에서 용접 작업을 할려고 비계를 올라가다 전기에 감전되었다.

> 해당 재해장면에서 충전 전로에 의한 감전 예방대책 3가지

1) 충전전로를 취급하는 근로자에게 그 작업에 적합한 절연용 보호구를 착용시킬 것
2) 충전전로를 방호, 차폐하거나 절연 등의 조치를 하는 경우에는 근로자의 신체가 전로와 직접 접촉하거나 도전재료, 공구 또는 기기를 통하여 간접 접촉되지 않도록 할 것
3) 충전전로에 근접한 장소에서 전기작업을 하는 경우에는 해당 전압에 적합한 절연용 방호구를 설치할 것
4) 고압 및 특별고압의 전로에서 전기작업을 하는 근로자에게 활선작업용 기구 및 장치를 사용하도록 할 것

193 전기·감전

전신주 위에 있던 작업자 A가 감전되었으며, A를 구하기 위해 다른 작업자 B가 접근하는 모습이다. 하지만 작업자 B 역시 이미 감전된 작업자 A와의 신체 접촉 등으로 감전 위험에 노출된 상황이다.

감전시 인체에 미치는 1차적인 위험요소 3가지

1) 통전 전류의 크기
2) 통전 시간
3) 통전 경로
4) 전원의 종류

194 전기·감전

작업자 또는 도전성 물체가 방호되지 않은 충전전로에 접근할 때 사업자 준수 사항에 대해 다음 빈칸을 채우시오.

> 충전전로에서 대지전압이 50KV 이하인 경우에는 (   )cm 이내로, 대지전압이 50KV를 넘는 경우에는 (   )KV 당 (   )cm씩 더한 거리 이내로 각각 접근할 수 없도록 할 것

충전전로에서 대지전압이 50KV 이하인 경우에는 (300)cm 이내로, 대지전압이 50KV를 넘는 경우에는 (10)KV 당 (10)cm씩 더한 거리 이내로 각각 접근할 수 없도록 할 것

 ## 전기·감전

콘크리트 타설 건설 현장에서 펌프카를 이용하고 있는 모습이 보인다. 펌프카는 전주 활선 가까이 작업하고 있어 전기 감전이 우려가 된다.

감전 방지대책 3가지

1) 차량 등의 절연되지 않은 부분이 접근 한계거리 이내로 접근하지 않도록 할 것
2) 근로자는 해당 충전전로에 적합한 절연용 보호구 등을 착용하거나 사용할 것
3) 감전의 위험을 방지하기 위한 울타리를 설치할 것
4) 해당 충전전로에 절연용 방호구를 설치할 것
5) 해당 충전전로를 이설할 것

196 전기·감전

건설현장의 임시배전반이 설치된 철조망 안으로 들어가 변압기를 옮기다가 작업자 A가 노출된 충전부에 접촉하여 감전되었다.

감전 위험이 있는 충전부분에 대한 감전방지 방법 3가지

1) 충전부가 노출되지 아니하도록 폐쇄형 외함이 있는 구조로 할 것
2) 충전부에 충분한 절연효과가 있는 방호망 또는 절연 덮개를 설치할 것
3) 충전부는 내구성이 있는 절연물로 완전히 덮어 감쌀 것
4) 발전소·변전소 및 개폐소 등 구획되어 있는 장소로써, 관계 근로자가 아닌 사람의 출입이 금지되는 장소에 충전부를 설치하고, 위험표시 등의 방법으로 방호를 강화할 것
5) 전주 위, 철탑 위 등 격리되어 있는 장소로써, 관계 근로자가 아닌 사람이 접근할 우려가 없는 장소에 충전부를 설치할 것

197-198
전기
감전

197 전기·감전

폐쇄형 외함이 있는 충전부 주변에 초록색 펜스가 설치되어 있고 감전주의 표지판이 부착되어 있다.

> 폐쇄형 외함이 있는 충전부 주변에 설치된 절연용 방호구 이름은 무엇인가

울타리

198 전기·감전

철조망 안쪽 변압기 또는 임시배전반 설치장소에 작업자 A가 무단으로 들어가다 충전부에 접촉되어 감전 사고가 발생했다.

> 근로자를 위한 안전조치사항 3가지

1) 충전부 활선 작업 시 최소 접근한계 거리를 유지한다.
2) 정전 작업 시 불시 투입 방지 조치로 모선에 단락접지기구를 설치하고 전원측 차단기에는 잠금장치 및 꼬리표를 부착한다.
3) 작업조건에 맞는 절연보호구(절연화, 절연장갑)를 착용한 후 작업한다.
4) 전기작업 유자격자가 점검 및 보수 등의 전기작업을 실시한다.
5) 외부인 출입금지 구역으로 지정하며, 출입금지 표지판을 눈에 잘 보이도록 설치한다.

 ## 전기 · 감전

전원이 연결된 호이스트 크레인 정기점검 중 감전사고가 발생했다.

영상에서 확인 된 재해를 방지하기 위한 작업자 착용 보호구

내전압용 절연장갑

 ## 장약 · 채석

자빈의 붕괴 또는 토사 등의 낙하로 근로자가 위험에 쉽게 노출될 수 있는 채석 작업 현장이다.

산업안전보건법령상 채석작업 당일 작업 시 점검사항 2가지

1) 점검자를 지명하고 작업장소 및 그 주변 지반의 부석과 균열의 유무와 상태, 함수 · 용수 및 동결상태의 변화를 점검할 것
2) 점검자는 발파 후 그 발파 장소와 그 주변의 부석 및 균열의 유무와 상태를 점검할 것

201 장약 · 채석

채석작업 현장에서 굴착기(백호) 뒤로 작업자가 지나가고 있다.

> 채석작업 중 작업자 보호를 위한 안전 조치사항 2가지

1) 점검자를 지명하고 작업장소 및 그 주변 지반의 부석과 균열의 유무와 상태, 함수·용수 및 동결상태의 변화를 점검할 것
2) 점검자는 발파 후 그 발파 장소와 그 주변의 부석 및 균열의 유무와 상태를 점검할 것
3) 붕괴 또는 낙하에 의한 작업자를 위험하게 할 우려가 있는 토석 등을 미리 제거하거나 방호망을 설치, 위험을 방지하기 위한 조치 필요

202 장약·채석

터널공사 중 장약 발파작업 진행을 위해 작업자들이 장약을 넣는 모습이 보인다.

산업안전보건법령상, 발파작업의 위험방지를 위한 준수사항 3가지

1) 얼어붙은 다이나마이트는 화기에 접근시키거나 그 밖의 고열물에 직접 접촉시키는 등 위험한 방법으로 융해되지 않도록 할 것
2) 화약이나 폭약을 장전하는 경우에는 그 부근에서 화기를 사용하거나 흡연을 하지 않도록 할 것
3) 장전구는 마찰, 충격, 정전기 등에 의한 폭발의 위험이 없는 안전한 것을 사용할 것
4) 발파공의 충전재료는 점토, 모래 등 발화성 또는 인화성의 위험이 없는 재료를 사용할 것
5) 점화 후 장전된 화약류가 폭발하지 아니한 경우 또는 장전된 화약류의 폭발 여부를 확인하기 곤란한 경우에는 다음 각목의 사항을 따를 것
    ① 전기뇌관에 의한 경우에는 발파모선을 점화기에서 떼어 그 끝을 단락시켜 놓는 등 재점화되지 않도록 조치하고, 그 때부터 5분 이상 경과한 후가 아니면 화약류의 장전장소에 접근시키지 않도록 할 것
    ② 전기뇌관 외의 것에 의한 경우에는 점화한 때부터 15분 이상 경과한 후가 아니면 화약류의 장전장소에 접근시키지 않도록 할 것
6) 전기뇌관에 의한 발파의 경우, 점화하기 전에 화약류를 장전한 장소로부터 30미터 이상 떨어진 안전한 장소에서 전선에 대하여 저항측정 및 도통시험을 할 것

 **장약·채석**

터널 내부에서 장약 발파작업을 진행하고 있다.

> 발파 표준 안전 작업지침 상, 장약 작업시 준수사항 3가지

1) 장약작업 장소 인근에서는 화기사용 및 흡연을 하지 않도록 할 것
2) 장약작업 장소 인근에서는 전기용접 작업이나, 동력을 사용하는 기계를 사용하지 않을 것
3) 장약작업을 하는 근로자가 안전모 등 적절한 보호구를 착용하도록 할 것
4) 기존의 발파에 사용된 발파공에는 장약하지 않도록 할 것
5) 약포는 1개씩 손을 사용하여 신중하게 장약봉으로 넣고, 약포 간에 간격이 없도록 그때마다 구멍길이의 차를 측정하면서 장약을 수행하도록 할 것
6) 장약봉은 곧바르고 견고하며, 마찰·충격·정전기 등에 대하여 안전한 부도체(플라스틱, 나무 등)를 사용하여 약포 지름보다 약간 굵고, 적당한 길이로 하고, 개수는 충분히 준비하게 할 것
7) 장약은 뇌관의 관체, 각선, 연결장치 등이 충격 또는 손상되지 않도록 주의하며, 각선의 길이는 결선작업을 고려하여 충분한 길이의 것을 사용하게 할 것
8) 초유폭약을 장약하는 경우 다음 각 목의 사항을 따를 것
   ① 장약 중에 흡습 또는 이물의 혼입을 방지하기 위한 조치를 강구할 것
   ② 갱내에서는 가스 등의 환기에 유의하고, 통기가 나쁜 장소에서는 사용하지 말것
   ③ 폭약을 장약한 후에는 신속하게 기폭할 것
9) 낙석 또는 붕락의 위험이 있는 뜬돌(부석) 등의 유무를 확인하고, 이를 제거하는 등 안전조치 후 작업하도록 할 것
10) 장약작업 중에는 관계 근로자가 아닌 사람의 출입을 금지할 것

안전·보건 표지

초판발행	2024년 12월 30일
저　　자	한혜윤, 허동우, 김선우
편 저 자	이용연, 이윤재, 조훈상, 박민호, 윤성필, 곽경철
도움주신분	이수진
발 행 처	도서출판 나눔
주　　소	부산광역시 연제구 연수로 110
이 메 일	nanumcbt1001@naver.com
홈페이지	www.nanumcbt.com
정　　가	39,000원
ISBN	979-11-983720-5-5

이 책 내용의 일부 또는 전부를 재사용하려면
반드시 도서출판 나눔의 동의를 얻어야합니다.